"中国森林生态系统连续观测与清查及绿色核算"系列丛书

王 兵 主编

山东省淄博市原山林场
森林生态系统服务功能及价值研究

孙建博 周霄羽 王 兵 宋庆丰
高玉红 贾万利 花 健 牛 香 等 著

中国林业出版社

图书在版编目(CIP)数据

山东省淄博市原山林场森林生态系统服务功能及价值研究 / 孙建博等著. -- 北京：中国林业出版社,2020.4
("中国森林生态系统连续观测与清查及绿色核算"系列丛书)
ISBN 978-7-5219-0499-4

Ⅰ.①山… Ⅱ.①孙… Ⅲ.①林场－森林生态系统－服务功能－研究－淄博 Ⅳ.①S718.56

中国版本图书馆CIP数据核字(2020)第032767号

中国林业出版社·林业分社

策划、责任编辑： 于界芬 于晓文

出版发行	中国林业出版社
	(100009 北京西城区德内大街刘海胡同 7 号)
网　　址	http：www.forestry.gov.cn/lycb.html
电　　话	(010) 83143542
印　　刷	固安县京平诚乾印刷有限公司
版　　次	2020 年 4 月第 1 版
印　　次	2020 年 4 月第 1 次
开　　本	889mm×1194mm　1/16
印　　张	10.75
字　　数	268 千字
定　　价	98.00 元

未经许可,不得以任何方式复制或抄袭本书之部分或全部内容。

版权所有　侵权必究

《山东省淄博市原山林场森林生态系统服务功能及价值研究》著者名单

项目完成单位：
中国林业科学研究院森林生态环境与保护研究所
中国森林生态系统定位观测研究网络（CFERN）
山东省淄博市原山林场

项目首席科学家：
王　兵　中国林业科学研究院森林生态环境与保护研究所

项目顾问：
孙建博　山东省淄博市原山林场

项目组成员：

高玉红	王延成	徐立刚	吴卫东	张宏伟	花　健
贾万利	张　涛	周霄羽	牛　香	宋庆丰	魏文俊
陶玉柱	王　慧	刘　润	李慧杰	段玲玲	白浩楠
郭　柯	许庭毓	林野墨	袁卿语	陈　波	张维康
丛日征	郭　慧	潘勇军	王贺辉	陈志泊	姜　艳

特别提示

1. 本研究依据森林生态系统连续观测与清查体系（简称：森林生态连清体系），对原山林场森林生态系统服务功能进行评估，评估区域包括：凤凰山营林区、石炭坞营林区、岭西营林区、樵岭前营林区、北峪营林区和良庄营林区。

2. 评估所采用的数据源包括：①森林生态连清数据集：一是依据中华人民共和国国家标准《森林生态系统长期定位观测指标体系》（GB/T 35377—2017）和中华人民共和国国家标准《森林生态系统长期定位观测方法》（GB/T 33027—2016），项目组在原山林场6个营林区开展的森林生态连清数据集；二是来源于中国森林生态系统定位观测研究网络（CFERN）覆盖原山林场所在生态区及其周边区域的5个森林生态站和8个辅助观测点的长期监测数据。②森林资源连清数据集：依据《山东省森林资源规划设计调查操作细则》，由原山林场提供的2014年森林资源二类调查数据。③社会公共数据集：来源于中国碳排放交易网、山东省统计年鉴、山东省应税污染物应税额度、山东省物价局和淄博市物价局官方网站、淄博市统计年鉴、《淄博市住房和城乡建设局关于转发＜山东省住房和城乡建设厅关于调整建设工程定额人工单价及各专业定额价目表的通知＞的通知》（淄建发[2018]216号）等。

3. 依据中华人民共和国林业行业标准《森林生态系统服务功能评估规范》（LY/T 1721—2008），针对不同营林区和优势树种（组）分别开展原山林场森林生态系统服务功能评估，评估指标包括：涵养水源、保育土壤、固碳释氧、林木积累营养物质、净化大气环境、生物多样性保护、森林游憩7项功能21个指标。

4. 当现有的野外观测值不能代表同一生态单元同一目标林分类型的结构或功能时，为更准确获得这些地区生态参数，引入了森林生态功能修正系数，以反映同一林分类型在同一区域的真实差异。

凡是不符合上述条件的其他研究结果均不宜与本研究结果简单类比。

前 言

森林生态系统服务功能是指森林生态系统与生态过程所维持人类赖以生存的自然环境条件与效用，其主要的输出形式表现在两方面，即为人类生产和生活提供必需的有形生态产品和保证人类经济社会可持续发展、支持人类赖以生存的无形生态环境与社会效益功能。然而长期以来，人类对森林的主体作用认识不足，使森林资源遭到了日趋严重的破坏，导致生态环境问题日益突显。因此，如何加强林业生态建设，最大程度地发挥森林生态系统服务功能已成为人们最关注的热点问题之一，而进一步去客观评价森林生态系统服务功能价值动态变化，对于科学经营与管理森林资源具有重要的现实意义。

早在2005年，时任浙江省委书记的习近平同志在浙江安吉天荒坪镇余村考察时，首次提出了"绿水青山就是金山银山"的科学论断。经过多年的实践检验，习近平总书记后来再次全面阐述了"两山论"，即"我们既要绿水青山，也要金山银山。宁要绿水青山，不要金山银山，而且绿水青山就是金山银山"。这三句话从不同角度阐明了发展经济与保护生态二者之间的辩证统一关系，既有侧重又不可分割，构成有机整体。"金山银山"与"绿水青山"这"两山论"，正在被海内外越来越多的人所知晓和接受。习近平总书记在国内外很多场合，阐述生态文明建设的重要性，为美丽中国指引方向。

自党的十八大以来，在"两山论"的指导下，我国生态文明建设成效显著，重大生态保护和修复工程进展顺利，森林覆盖率持续提高；生态环境治理明显加强，环境状况得到改善。习近平总书记在党的十九大报告中指出：必须树立和践行绿水青山就是金山银山的理念，坚持节约资源和保护环境的基本国策，像对待生命一样对待生态环境，统筹山水林田湖草系统治理，实行最严格的生态环境保护制度。习近平总书记在近年来100多次谈及生态文明和林业改革发展："良好的生态环境是最公平的公共产品，是最普惠的民生福祉""小康全面不全面，生态环境质量是关键"；"生态环境保护是一个长期任务，要久久为功"。习近平总书记这一系列经典论述，足以说明生态保护的重要性。

原山林场所处的博山区是山东中部工业重镇，素以发展煤炭、陶瓷、琉璃等重工产业为主。为恢复生态，几代林场人数十年如一日，坚持"先治坡后治窝、先生产后生活"的奉献精神，"原山"走过了从"百把镐头百张锨，一辆马车屋漏天"白手起家，到走向市场求生存、求发展艰辛探索，再到今天生态美、职工富"两翼齐飞"的重要历程。1996年12月孙建博就任林场场长后，凭借不等不靠、主动作为、勇立潮头、善做善成的创新意识和管理理念，带领广大干部职工艰苦奋斗、锐意改革，实行"一场两制"、事企分开，使原山林场经营面积由1996年的40588亩增加到2014年的44025.9亩，净增3437.9亩。活立木蓄积量由80683立方米增长到了197443立方米，净增116760立方米，森林覆盖率由82.39%增加到94.4%。原山林场通过租赁、合作利用周边荒山、坡地实施造林2万亩，短短20年相当于再造了一个新原山。几代原山人始终不忘初心、矢志改革、艰苦创业，倡导"特别能吃苦、特别能战斗、特别能忍耐、特别能奉献"和"一家人、一起吃苦、一起干活、一起过日子、一起奔小康"的原山精神，通过发展林业产业，走出了一条"以林养林、以副养林"的保护和培育森林资源的特色之路，取得了生态建设的伟大成就，实现了从荒山秃岭、穷山恶水到绿水青山、金山银山的美丽嬗变，创造了非同寻常的成就和弥足珍贵的经验。

原山林场坚持市场化改革导向，跳出林场办林场，探索了以森林资源为依托，"以副养林、以林兴场"、多产业并举的可持续发展道路。更为可贵的是，原山林场不仅率先实现了山绿、场活、业兴、林强、人富的发展目标，而且为处于改革风口的全国4855家国有林场提供了可学习、可借鉴、可复制的现实样板。2005年9月1日，时任国务院总理温家宝作出批示：山东原山林场的改革值得重视，国家林业局可派人调查研究，总结经验，供其他国有林场改革所借鉴。时任国务院副总理回良玉亲自视察原山，对总结推广原山经验提出了要求，原山林场被国家林业局树为全国国有林场改革的一面旗帜。

森林生态系统服务功能评估成为近些年来国内外研究的热点之一。从"八五"开始，林业部在已有工作基础上，积极部署长期定位观测工作，不仅建立了覆盖主要生态类型区的中国森林生态系统定位研究网络（英文简称CFERN），对森林的生态功能进行长期定位观测和研究，获得了大量的数据，并在功能评估等关键技术上取得了重要的进展。借助CFERN平台，2006年，《中国森林生态服务功能评估》

项目组启动"中国森林生态质量状态评估与报告技术"（编号：2006BAD03A0702）"十一五"科技支撑计划；2007年，启动"中国森林生态系统服务功能定位观测与评估技术"（编号：200704005）国家林业公益性行业科研专项计划，组织开展森林生态服务功能研究与评估测算工作；2008年，参考国际上有关森林生态服务功能指标体系，结合我国国情、林情，制定了《森林生态系统服务功能评估规范（LY/T1721—2008)》（2020年3月6日已正式升级为中华人民共和国国家标准：GB/T 38582—2020），并对"九五""十五"期间全国森林生态系统涵养水源、固碳释氧等主要生态服务功能的物质量进行了较为系统、全面的测算，为进一步科学评估森林生态系统的价值量奠定了数据基础。

2009年11月17日，在国务院新闻办举行的第七次全国森林资源清查新闻发布会上，国家林业局贾治邦局长首次公布了我国森林生态系统服务功能的评估结果：全国森林每年涵养水源量近5000亿立方米，相当于12个三峡水库的库容量；每年固土量70亿吨，相当于全国每平方千米平均减少了730吨的土壤流失；6项森林生态服务功能价值量合计每年达到10.01万亿元，相当于全国GDP总量的1/3。评估结果更加全面地反映了森林的多种功能和效益。

2015年，由国家林业局和国家统计局联合启动并下达的"生态文明制度构建中的中国森林资源核算研究"项目的研究成果显示，与第七次全国森林资源清查期末相比，第八次全国森林资源清查期间年涵养水源量、年保育土壤量分别增加了17.37%、16.43%；全国森林生态服务功能年价值量达到12.68万亿元，增长了27%，相当于2013年全国GDP总值（56.88万亿元）的23%。该项研究核算方法科学合理、核算过程严密有序，内容也更为全面。

为了客观、动态、科学地评估原山林场森林生态系统服务功能，准确量化森林生态系统服务功能的物质量和价值量，原山林场组织启动了此次评估工作。以原山林场为承担单位，以中国森林生态系统定位观测研究网络（CFERN）为技术依托，结合原山林场森林资源的实际情况，运用森林生态系统连续观测与定期清查体系，以2014年原山林场森林资源二类调查数据为基础，以CFERN多年连续观测数据、国家权威部门发布的公共数据及中华人民共和国林业行业标准《森林生态系统服务功能评估规范》（LY/T 1721—2008）为依据，采用分布式测算方法，从物质量和价值量两个方面，对原山林场年森林生态系统服务功能进行效益评价。评估结果显示：原山林场森林生态系统服务功能总价值量分别为 18948.04 万元/年，涵养水源功能、保育土壤功能、固碳释氧功能、林木积累营养物质功能、净化大气环境功能、生物多样性保育功能和森林游憩功能分别为 4938.89 万元/年、623.82 万元/年、3173.57 万元/年、212.94 万元/年、2143.94 万元/年、1862.78 万元/年和 5992.10 万元/年，其价值大小排序为森林游憩功能、涵养水源功能、固碳释氧功能、净化大气环境功能、生物多样性保育功能、保育土壤功能和林木积累营养物质功能，所占比例分别为 31.62%、26.07%、16.75%、11.31%、9.83%、3.29% 和 1.13%。森林生态系统四大服务功能中，原山林场森林生态系统"绿色水库"总量为 4938.89 万元/年、"绿色碳库"总量为 3173.57 万元/年、"净化环境氧吧库"总量为 2143.94 万元/年、"生物多样性基因库"总量为 1862.78 万元/年。

评估报告充分反映了原山林场林业生态建设成果，将对确定森林在生态环境建设中的主体地位和作用具有非常重要的现实意义，充分展示了原山林场依靠以"艰苦奋斗、艰苦创业"为核心的原山精神，走出了一条独具特色的红色文化带动绿色发展之路，实现了从荒山秃岭到绿水青山再到金山银山的美丽嬗变，探索了新时代生态文明建设的中国道路，成为全国林业系统的一面旗帜和国有林场改革发展的典范，对于进一步落实党中央关于全面深化林业改革、创新林业治理体系、提升森林质量、增强森林生态功能，建设生态文明和美丽中国有着巨大的推动作用。

著 者

2019 年 10 月

目 录

前 言

第一章 山东省淄博市原山林场森林生态系统连续观测与清查体系
第一节 野外观测技术体系 ·· 2
第二节 分布式测算评估体系 ·· 4

第二章 山东省淄博市原山林场概况
第一节 自然概况 ··· 30
第二节 发展概况 ··· 31
第三节 精神文明建设概况 ·· 35
第四节 森林资源时空格局变化 ·· 37

第三章 山东省淄博市原山林场森林生态系统服务功能物质量
第一节 森林生态系统服务功能总物质量 ································· 53
第二节 不同营林区森林生态系统服务功能物质量 ····················· 57
第三节 不同优势树种（组）生态系统服务功能物质量 ··············· 83

第四章 山东省淄博市原山林场森林生态系统服务功能价值量
第一节 森林生态系统服务功能总价值量 ································· 93
第二节 不同营林区森林生态系统服务功能价值量 ····················100
第三节 不同优势树种（组）生态系统服务功能价值量 ··············109

第五章 山东省淄博市原山林场森林生态系统生态、社会、经济效益综合分析
第一节 森林生态系统的生态效益分析 ···································115
第二节 森林生态系统的经济效益分析 ···································121
第三节 森林生态系统的社会效益分析 ···································128

第四节　森林生态系统三大效益综合分析…………………………………136

参考文献………………………………………………………………………139

附　件

中华人民共和国环境保护税法……………………………………………………145
中华人民共和国国家标准《森林生态系统服务功能评估规范》（GB/T 38582—2020）…150

附　表

表1　环境保护税税目税额……………………………………………………151
表2　应税污染物和当量值……………………………………………………152
表3　IPCC推荐使用的生物量转换因子（BEF）……………………………156
表4　不同树种组单木生物量模型及参数……………………………………157
表5　原山林场森林生态系统服务评估社会公共数据………………………157

第一章

山东省淄博市原山林场森林生态系统连续观测与清查体系

山东省淄博市原山林场森林生态系统服务功能评估基于山东省淄博市原山林场森林生态系统连续观测与清查体系（简称：原山林场森林生态连清体系）（图1-1），以生态地理区划为单位，依托国家现有森林生态系统国家定位观测研究站（简称：森林生态站）和该区域其他辅助监测点（生态公益林生态效益监测点、长期固定实验点以及辅助监测样地），采用

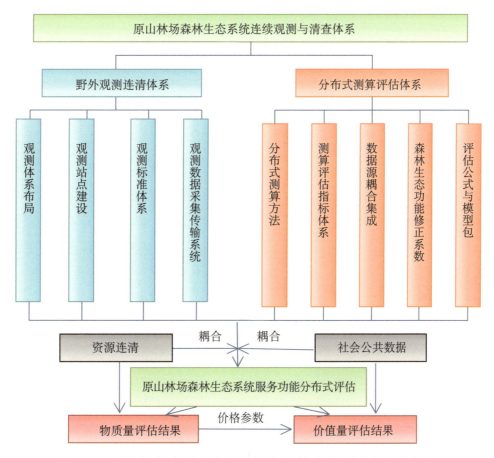

图1-1 原山林场森林生态系统服务连续观测与清查体系框架

长期定位观测和分布式测算方法，定期对原山林场森林生态系统服务功能进行全指标体系观测与清查，并与原山林场森林资源二类调查数据相耦合，评估原山林场森林生态系统服务功能，进一步了解其森林生态系统服务功能的动态变化。

第一节 野外观测技术体系

一、原山林场森林生态系统服务监测站布局与建设

野外观测技术体系是构建原山林场森林生态连清体系的重要基础，为了做好这一基础工作，需要考虑如何构架观测体系布局。国家森林生态站与原山林场所处同一生态监测区域内各类林业监测点作为原山林场森林生态系统服务监测的两大平台，在建设时坚持"统一规划、统一布局、统一建设、统一规范、统一标准，资源整合，数据共享"原则。

森林生态站网络布局是以典型抽样为指导思想，以全国水热分布和森林立地情况为布局基础，选择具有典型性、代表性和层次性明显的区域完成森林生态网络布局。首先，依据《中国森林立地区划图》和《中国地理区域系统》两大区划体系完成中国森林生态区，并将其作为森林生态站网络布局区划的基础。其次，结合重点生态功能区、生物多样性优先保护区，量化并确定我国重点森林生态站的布局区域。最后，将中国森林生态区和重点森林生态站布局区域相结合，作为森林生态站的布局依据，确保每个森林生态区内至少有一个森林生态站，区内如有重点生态功能区，则优先布设森林生态站。

由于自然条件、社会经济发展状况等不尽相同，因此在监测方法和监测指标上应各有侧重。目前，依据山东省17个市级行政区的自然、经济、社会的实际情况，将山东省分为3个大区，即鲁西北平原区（东营市、滨州市、德州市、聊城市）、鲁中南山地丘陵区（济南市、菏泽市、淄博市、莱芜市、潍坊市、泰安市、枣庄市、临沂市、济宁市、日照市）和鲁东丘陵区（烟台市、威海市、青岛市），对山东省森林生态系统服务监测体系建设进行了详细科学的规划布局。为了保证监测精度和获取足够的监测数据，需要对其中每个区域进行长期定位监测。山东省森林生态系统服务监测站的建设首先要考虑其在区域上的代表，选择能代表该区域主要优势树种（组），且能表征土壤、水文及生境等特征，交通、水电等条件相对便利的典型植被区域。

由于自然条件、社会经济发展状况等不尽相同，因此在监测方法和监测指标上应各有侧重。目前，依据原山林场下辖6个营林区（凤凰山营林区、石炭坞营林区、岭西营林、樵岭前营林区、北峪营林区和良庄营林区），对原山林场森林生态系统服务监测首先要考虑其在区域上的代表，选择能代表该区域主要优势树种（组），且能表征土壤、水文及生境等特征。为此，项目组和原山林场进行了大量的前期工作，包括科学规划、监测点设置、合理

性评估等。

森林生态站作为原山林场森林生态服务监测站，在原山林场森林生态系统服务评估中发挥着极其重要的作用。这些森林生态站全部分布在山东省境内：黄河三角洲森林生态站（东营市）、泰山森林生态站（泰安市）、临沂森林生态站（临沂市）、昆嵛山森林生态站（烟台市）、青岛森林生态站（青岛市）。此外，在原山林场境内以及周边地区还有一系列的辅助站点和实验样地，主要为山东农业大学、山东师范大学和山东大学等高校在鲁中山区建立的实验样地等。

目前，原山林场及周围的森林生态站和辅助点在布局上能够充分体现区位优势和地域特色，兼顾了森林生态站布局在国家和地方等层面的典型性和重要性，已形成层次清晰、代表性强的生态站网，可以负责相关站点所属区域的森林生态连清工作，同时对原山林场森林生态长期监测也起到了重要的服务作用。

借助以上森林生态站以及辅助监测点，可以满足原山林场森林生态系统服务监测和科学研究需求。随着政府对生态环境建设形式认识的不断发展，必将建立起原山林场森林生态系统服务监测的完备体系，为科学全面地评估原山林场乃至山东省林业建设成效奠定坚实的基础。同时，通过各森林生态系统服务监测站点长期、稳定地发挥作用，必将为健全和完善国家生态监测网络，特别是构建完备的林业及其生态建设监测评估体系作出重大贡献。

二、原山林场森林生态连清监测评估标准体系

原山林场森林生态连清监测评估所依据的标准体系包括从森林生态系统服务监测站点建设到观测指标、观测方法、数据管理乃至数据应用各个阶段的标准（图1-2）。原山林场森林生态系统服务监测站点建设、观测指标、观测方法、数据管理及数据应用的标准化保证了不同站点所提供原山林场森林生态连清数据的准确性和可比性，为原山林场森林生态系统服务功能评估的顺利进行提供了保障。

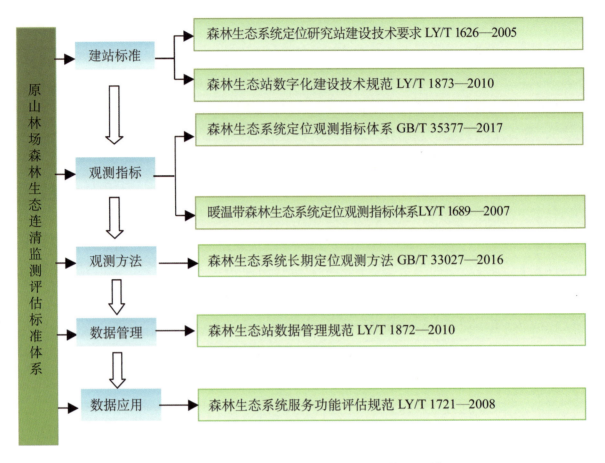

图 1-2 原山林场森林生态连清监测评估标准体系

第二节 分布式测算评估体系

一、分布式测算方法

分布式测算源于计算机科学，是研究如何把一项整体复杂的问题分割成相对独立运算的单元，并将这些单元分配给多个计算机进行处理，最后将计算结果综合起来，统一合并得出结论的一种科学计算方法（Hagit Attiya，2008）。

最近，分布式测算项目已经被用于使用世界各地成千上万位志愿者的计算机的闲置计算能力，来解决复杂的数学问题，如 GIMPS 搜索梅森素数的分布式网络计算和研究寻找最为安全的密码系统如 RC4 等，这些项目都很庞大，需要惊人的计算量。而分布式测算就是研究如何把一个需要非常巨大计算能力才能解决的问题分成许多小的部分，然后把这些部分分配给许多计算机进行处理，最后把这些计算结果综合起来得到最终的结果。随着科学的发展，分布式计算已成为一种廉价的、高效的、维护方便的计算方法。

森林生态系统服务功能的测算是一项非常庞大、复杂的系统工程，很适合划分成多个均质化的生态测算单元开展评估（Niu 等，2013）。因此，分布式测算方法是目前评估森林生态系统服务所采用的一种较为科学有效的方法，通过诸多森林生态系统服务功能评估案例也证实了分布式测算方法能够保证结果的准确性及可靠性（牛香等，2012）。

基于分布式测算方法评估原山林场森林生态系统服务功能的具体思路为：首先将原山林场按照林区划分为凤凰山营林区、石炭坞营林区、岭西营林区、樵岭前营林区、北峪营林区和良庄营林区6个一级测算单元；每个一级测算单元又按不同优势树种（组）划分为侧柏、松类、栎类、刺槐、针阔混交林和阔叶混交林6个二级测算单元；每个二级测算单元按照龄组划分为幼龄林、中龄林、近熟林、成熟林、过熟林5个三级测算单元，再结合不同立地条件的对比观测，最终确定了105个相对均质化的生态服务功能评估单元（图1-3）。

基于生态系统尺度的生态服务功能定位实测数据，运用遥感反演、过程机理模型等先进技术手段，进行由点到面的数据尺度转换，将点上实测数据转换至面上测算数据，即可得到各生态服务功能评估单元的测算数据。①利用改造的过程机理模型IBIS（集成生物圈模型）输入森林生态站各样点的植物功能型类型、优势树种（组）、植被类型、土壤质地、

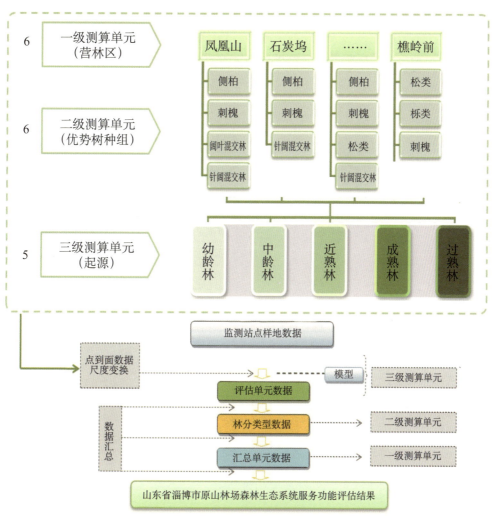

图1-3　原山林场森林生态系统服务功能分布式测算方法

土壤养分含量、凋落物储量以及降雨、地表径流等参数，依据中国植被图或遥感信息，推算各生态服务功能评估单元的涵养水源、保育土壤和固碳释氧等生态功能数据。②结合森林生态站长期定位观测的监测数据和原山林场年森林资源档案数据（蓄积量、树种组成、龄组等），通过筛选获得基于遥感数据反演的统计模型，推算各生态服务功能评估单元的林木积累营养物质生态功能数据和净化大气环境生态功能数据。将各生态服务功能评估单元的测算数据逐级累加，即可得到原山林场森林生态系统服务功能的最终评估结果。

二、监测评估指标体系

森林生态系统是地球生态系统的主体，其生态服务功能体现于生态系统和生态过程所形成的有利于人类生存与发展的生态环境条件与效用。如何真实地反映森林生态系统服务的效果，观测评估指标体系的建立非常重要。

在满足代表性、全面性、简明性、可操作性以及适应性等原则的基础上，通过总结近年的工作及研究经验，本次评估选取的测算评估指标体系主要包括涵养水源、保育土壤、固碳释氧、林木积累营养物质、净化大气环境、生物多样性保护和森林游憩等 7 项功能 21 个指标（图 1-4）。其中，降低噪音等指标的测算方法尚未成熟，因此本研究未涉及它们的功能评估。基于相同原因，在吸收污染物指标中不涉及吸收重金属的功能评估。

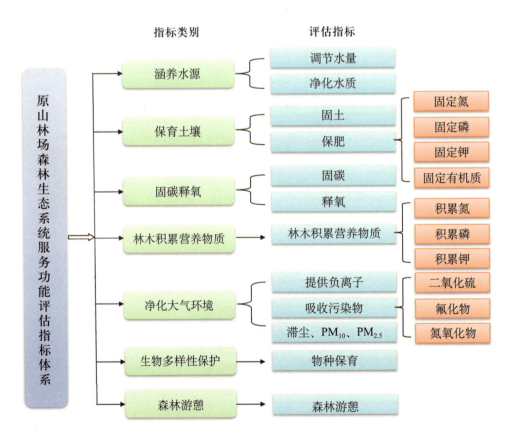

图 1-4 原山林场森林生态系统服务功能评估指标体系

三、数据来源与集成

原山林场森林生态系统服务功能评估分为物质量和价值量两部分。物质量评估所需数据来源于原山林场森林生态连清数据集和原山林场 2014 年森林资源调查数据集；价值量评估所需数据除以上两个来源外还包括社会公共数据集（图 1-5）。

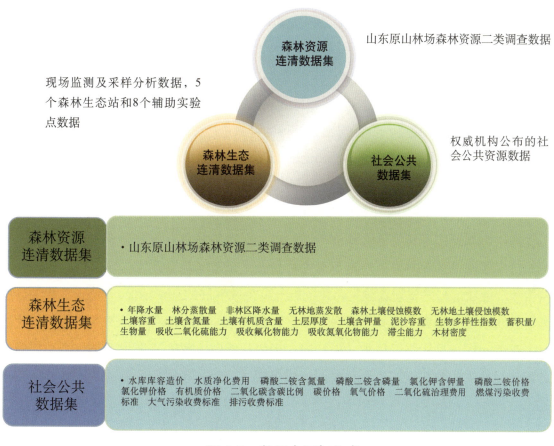

图 1-5　数据来源与集成

主要的数据来源包括以下三部分：

1. 原山林场森林生态连清数据集

原山林场森林生态连清数据来源包括两个：一是现场监测和采样分析数据；二是来源于原山林场周边的 5 个森林生态站（泰山森林生态站、昆嵛山森林生态站、青岛森林生态站、黄河三角洲森林生态站和临沂森林生态站）和 8 个辅助观测点的监测结果，还包括长期固定试验基地及植物监测固定样地，并依据中华人民共和国林业行业标准《森林生态系统服务功能评估规范》（LY/T1721—2008）和中华人民共和国国家标准《森林生态系统长期定位观测方法》（GB/T 33027—2016）等开展观测得到原山林场森林生态连清数据。

2. 原山林场森林资源连清数据集

原山林场森林资源连清数据集：由原山林场提供的 2014 年森林资源二类调查数据，包括：乔木林树种构成、乔木林资源面积、蓄积量、龄组。

3. 社会公共数据集

社会公共数据来源于我国权威机构所公布的社会公共数据，包括《中国水利年鉴》、《中华人民共和国水利部水利建筑工程预算定额》、中国农业信息网（http://www.agri.gov.cn/）、卫生部网站（http://wsb.moh.gov.cn/）、中华人民共和国环境保护税法中《环境保护税税目税额表》、原山林场所在地区物价局网站（www.zbwj.gov.cn）等。

四、森林生态功能修正系数

在野外数据观测中，研究人员仅能够得到观测站点附近的实测生态数据，对于无法实地观测到的数据，则需要一种方法对已经获得的参数进行修正，因此引入了森林生态功能修正系数（Forest Ecological Function Correction Coefficient，简称 FEF-CC）。FEF-CC 指评估林分生物量和实测林分生物量的比值，它反映森林生态服务评估区域森林的生态质量状况，还可以通过森林生态功能的变化修正森林生态服务的变化。

森林生态系统服务价值的合理测算对绿色国民经济核算具有重要意义，社会进步程度、经济发展水平、森林资源质量等对森林生态系统服务均会产生一定影响，而森林自身结构和功能状况则是体现森林生态系统服务可持续发展的基本前提。"修正"作为一种状态，表明系统各要素之间具有相对"融洽"的关系。当用现有的野外实测值不能代表同一生态单元同一目标优势树种（组）的结构或功能时，就需要采用森林生态功能修正系数客观地从生态学精度的角度反映同一优势树种（组）在同一区域的真实差异。其理论公式：

$$\text{FEF-CC} = \frac{B_e}{B_o} = \frac{\text{BEF} \cdot V}{B_o} \tag{1-1}$$

式中：FEF-CC——森林生态功能修正系数；

B_e——评估林分的单位面积生物量（千克/立方米）；

B_o——实测林分的单位面积生物量（千克/立方米）；

BEF——蓄积量与生物量的转换因子；

V——评估林分蓄积量（立方米）。

实测林分的生物量可以通过森林生态连清的实测手段来获取，而评估林分的生物量在原山林场森林资源二类调查结果中还没有完全统计出来。因此，通过评估林分蓄积量和生物量转换因子（BEF，附表3），测算评估林分的生物量。

五、贴现率

原山林场森林生态系统服务价值量评估中,由物质量转价值量时,部分价格参数并非评估年价格参数,因此,需要使用贴现率(Discount Rate)将非评估年份价格参数换算为评估年份价格参数以计算各项功能价值量的现价。

原山林场森林生态服务功能价值量评估中所使用的贴现率指将未来现金收益折合成现在收益的比率,贴现率是一种存贷均衡利率,利率的大小,主要根据金融市场利率来决定,其计算公式:

$$t = (D_r + L_r)/2 \tag{1-2}$$

式中:t——存贷款均衡利率(%);

D_r——银行的平均存款利率(%);

L_r——银行的平均贷款利率(%)。

贴现率利用存贷款均衡利率,将非评估年份价格参数,逐年贴现至评估年的价格参数。贴现率的计算公式:

$$d = (1+t_n)(1+t_{n+1})\cdots(1+t_m) \tag{1-3}$$

式中:d——贴现率;

t——存贷款均衡利率(%);

n——价格参数可获得年份(年);

m——评估年份(年)。

六、评估公式与模型包

(一)涵养水源功能

森林涵养水源功能主要是指森林对降水的截留、吸收和贮存,将地表水转为地表径流或地下水的作用(图1-6)。主要功能表现在增加可利用水资源、净化水质和调节径流三个方面。森林涵养水源的量化,是准确评估价值的基础之一。森林涵养水源量已有多种计算方法,目前主要有非毛管孔隙度蓄水量法、水量平衡法、地下径流增长法、多因子回归法、采伐损失法和降水贮存法等。其中,非毛管孔隙度蓄水量法和水量平衡法是常用的两种方法。

非毛管孔隙度蓄水量法:根据森林土壤的非毛管孔隙度计算出森林土壤的蓄水能力,再结合森林区域的年降水量,可以求出森林的年涵养水源量。非毛管孔隙度蓄水量法可以反映土壤蓄水的最大潜力,但每一次降水时非毛管孔隙都不可能全部蓄满,而且降雨强度大时还可能出现超渗产流,一年中有几次蓄满不好确定,因此该方法计算出的土壤蓄水量与森林土

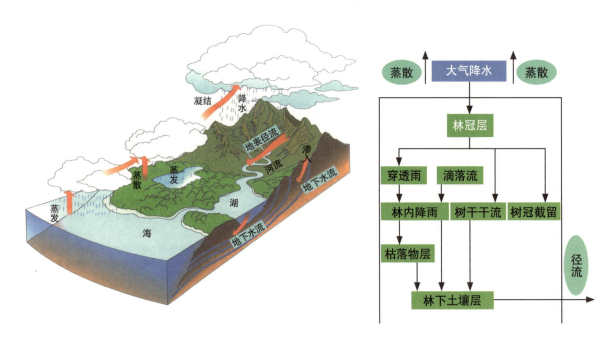

图 1-6　全球水循环及森林对降水的再分配示意

壤实际调节水量之间存在较大的误差。

水量平衡法：森林调节水量的总量为降水量与森林蒸发散（蒸腾和蒸发）及其他消耗的差值（周冰冰，2000）。水量平衡法反映了林分全年或某时间段内调节水量的总量，能够较好地反映实际情况。侯元兆（1995）对比了中国土壤蓄水能力、森林水源涵养量和森林区域径流量三种方法的研究结果，认为水量平衡法的计算结果能够比较准确地反映森林的现实年水源涵养量。

目前，国内外相关研究大多采用水量平衡法（余新晓等，2002；司今，2011；王晓学，2013）。因此，本研究采用水量平衡法计算各林分类型的涵养水源量。

本研究选定 2 个指标，即调节水量指标和净化水质指标，以反映森林的涵养水源功能。

1. 调节水量指标

(1) 年调节水量。森林生态系统年调节水量公式：

$$G_{调} = 10A \cdot (P - E - C) \cdot F \tag{1-4}$$

式中：$G_{调}$——实测林分年调节水量（立方米/年）；

P——实测林外降水量（毫米/年）；

E——实测林分蒸散量（毫米/年）；

C——实测地表快速径流量（毫米/年）；

A——林分面积（公顷）；

F——森林生态功能修正系数。

(2)年调节水量价值。由于森林对水量主要起调节作用，与水库的功能相似。因此，本研究中森林生态系统调节水量价值依据水库工程的蓄水成本（替代工程法）来确定，采用如下公式计算：

$$U_{调} = 10 C_{库} \cdot A \cdot (P-E-C) \cdot F \cdot d \tag{1-5}$$

式中：$U_{调}$——实测林分年调节水量价值（元/年）；

　　　$C_{库}$——水库库容造价（元/立方米）；

　　　P——实测林外降水量（毫米/年）；

　　　E——实测林分蒸散量（毫米/年）；

　　　C——实测地表快速径流量（毫米/年）；

　　　A——林分面积（公顷）；

　　　F——森林生态功能修正系数；

　　　d——贴现率。

2. 净化水质指标

(1)年净化水量。净化水质包括净化水量和净化水质价值两个方面。周冰冰（2000）采用了净化水质成本计算了森林生态系统净化水质价值。该方法的数据容易获取，且容易被社会接受。本研究采用年调节水量的公式：

$$G_{净} = 10 A \cdot (P-E-C) \cdot F \tag{1-6}$$

式中：$G_{净}$——实测林分年净化水量（立方米/年）；

　　　P——实测林外降水量（毫米/年）；

　　　E——实测林分蒸散量（毫米/年）；

　　　C——实测地表快速径流量（毫米/年）；

　　　A——林分面积（公顷）；

　　　F——森林生态功能修正系数。

(2)年净化水质价值。森林生态系统年净化水质价值根据山东省水污染物应纳税额计算。《应税污染物和当量值表》中，每一排放口的应税水污染物按照污染当量数从大到小排序，对第一类水污染物按照前五项征收环境保护税；对其他类水污染物按照前三项征收环境保护税；对同一排放口中的化学需氧量、生化需氧量和总有机碳，只征收一项，按三者中污染当量数最高的一项收取（附表2《应税污染物和当量值》）。采用如下公式计算：

$$U_{水质} = 10 K_{水} \cdot A \cdot (P-E-C) \cdot F \cdot d \tag{1-7}$$

式中：$U_{水质}$——实测林分净化水质价值（元/年）；

$K_水$——水污染物应纳税额（元/立方米）；

P——实测林外降水量（毫米/年）；

E——实测林分蒸散量（毫米/年）；

C——实测地表快速径流量（毫米/年）；

A——林分面积（公顷）；

F——森林生态功能修正系数；

d——贴现率。

$$K_水 = (\rho_{大气降水} - \rho_{径流})/N_水 \cdot K \tag{1-8}$$

式中：$\rho_{大气降水}$——大气降水中某一水污染物浓度（毫克/升）；

$\rho_{径流}$——森林地下径流中某一水污染物浓度（毫克/升）；

$N_水$——水污染物污染当量值（千克，附表2《应税污染物和当量值》）；

K——税额（元，附表1《环境保护税税目税额》）。

（二）保育土壤功能

森林凭借庞大的树冠、深厚的枯枝落叶层及强壮且成网络的根系截留大气降水，减少或免遭雨滴对土壤表层的直接冲击，有效地固持土体，降低了地表径流对土壤的冲蚀，使土壤流失量大大降低。而且森林的生长发育及其代谢产物不断对土壤产生物理及化学影响，参与土体内部的能量转换与物质循环，使土壤肥力提高，森林凋落物是土壤养分的主要来源之一（图1-7）。为此，本研究选用2个指标，即固土指标和保肥指标，以反映森林保育土壤功能。

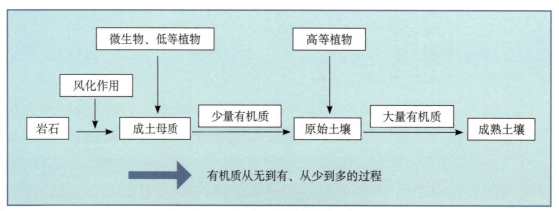

图1-7 植被对土壤形成的作用

1. 固土指标

因为森林的固土功能是从地表土壤侵蚀程度表现出来的，所以可通过无林地土壤侵蚀程度和有林地土壤侵蚀程度之差来估算森林的保土量。该评估方法是目前国内外多数人使用并认可的。例如，日本在1972、1978年和1991年评估森林防止土壤泥沙侵蚀效能时，都采用了有林地与无林地之间侵蚀对比方法来计算。

（1）年固土量。林分年固土量公式：

$$G_{固土} = A \cdot (X_2 - X_1) \cdot F \tag{1-9}$$

式中：$G_{固土}$——实测林分年固土量（吨/年）；
X_1——有林地土壤侵蚀模数[吨/（公顷·年）]；
X_2——无林地土壤侵蚀模数[吨/（公顷·年）]；
A——林分面积（公顷）；
F——森林生态功能修正系数。

（2）年固土价值。由于土壤侵蚀流失的泥沙淤积于水库中，减少了水库蓄积水的体积，因此本研究根据蓄水成本（替代工程法）计算林分年固土价值，公式：

$$U_{固土} = A \cdot C_土 \cdot (X_2 - X_1) \cdot F \cdot d / \rho \tag{1-10}$$

式中：$U_{固土}$——实测林分年固土价值（元/年）；
X_1——有林地土壤侵蚀模数[吨/（公顷·年）]；
X_2——无林地土壤侵蚀模数[吨/（公顷·年）]；
$C_土$——挖取和运输单位体积土方所需费用（元/立方米）；
ρ——土壤容重（克/立方厘米）；
A——林分面积（公顷）；
F——森林生态功能修正系数；
d——贴现率。

2. 保肥指标

林木的根系可以改善土壤结构、孔隙度和通透性等物理性状，有助于土壤形成团粒结构。在养分循环过程中，枯枝落叶层不仅减小了降水的冲刷和径流，而且还是森林生态系统归还的主要途径，可以增加土壤有机质、营养物质（氮、磷、钾等）和土壤碳库的积累，提高土壤肥力，起到保肥的作用。土壤侵蚀带走大量的土壤营养物质，根据氮、磷、钾等养分含量和森林减少的土壤损失量，可以估算出森林每年减少的养分损失量。因土壤侵蚀造成了氮、磷、钾大量损失，使土壤肥力下降，通过计算年固土量中氮、磷、钾的数量，再换算为化肥即为森林年保肥价值。许多研究（余新晓等，2005；康文星等，2008；王顺利等，

2011）都采用了这种方法，本报告也采用该方法。

（1）年保肥量。林分年保肥量计算公式：

$$G_N = A \cdot N \cdot (X_2 - X_1) \cdot F \tag{1-11}$$

$$G_P = A \cdot P \cdot (X_2 - X_1) \cdot F \tag{1-12}$$

$$G_K = A \cdot K \cdot (X_2 - X_1) \cdot F \tag{1-13}$$

$$G_{有机质} = A \cdot M \cdot (X_2 - X_1) \cdot F \tag{1-14}$$

式中：G_N——森林固持土壤而减少的氮流失量（吨/年）；

G_P——森林固持土壤而减少的磷流失量（吨/年）；

G_K——森林固持土壤而减少的钾流失量（吨/年）；

$G_{有机质}$——森林固持土壤而减少的有机质流失量（吨/年）；

X_1——有林地土壤侵蚀模数 [吨/（公顷·年）]；

X_2——无林地土壤侵蚀模数 [吨/（公顷·年）]；

N——森林土壤平均含氮量（%）；

P——森林土壤平均含磷量（%）；

K——森林土壤平均含钾量（%）；

M——森林土壤平均有机质含量（%）；

A——林分面积（公顷）；

F——森林生态功能修正系数。

（2）年保肥价值。年固土量中氮、磷、钾的数量换算成化肥即为林分年保肥价值。本研究的林分年保肥价值以固土量中的氮、磷、钾数量折合成磷酸二铵化肥和氯化钾化肥的价值来体现。公式：

$$U_{肥} = A \cdot (X_2 - X_1) \cdot \left(\frac{N \cdot C_1}{R_1} + \frac{P \cdot C_1}{R_2} + \frac{K \cdot C_2}{R_3} + M \cdot C_3 \right) \cdot F \cdot d \tag{1-15}$$

式中：$U_{肥}$——实测林分年保肥价值（元/年）；

X_1——有林地土壤侵蚀模数 [吨/（公顷·年）]；

X_2——无林地土壤侵蚀模数 [吨/（公顷·年）]；

N——森林土壤平均含氮量（%）；

P——森林土壤平均含磷量（%）；

K——森林土壤平均含钾量（%）；

M——森林土壤平均有机质含量（%）；

R_1——磷酸二铵化肥含氮量（%）；

R_2——磷酸二铵化肥含磷量（%）；

R_3——氯化钾化肥含钾量（%）；

C_1——磷酸二铵化肥价格（元/吨）；

C_2——氯化钾化肥价格（元/吨）；

C_3——有机质价格（元/吨）；

A——林分面积（公顷）；

F——森林生态功能修正系数；

d——贴现率。

（三）固碳释氧功能

森林与大气的物质交换主要是二氧化碳与氧气的交换，即森林固定并减少大气中的二氧化碳和提高并增加大气中的氧气（图1-8），这对维持大气中的二氧化碳和氧气动态平衡、减少温室效应以及为人类提供生存的基础都有巨大和不可替代的作用。为此，本研究选用固碳、释氧2个指标反映森林生态系统固碳释氧功能。根据光合作用化学反应式，森林植被每积累1.00克干物质，可以吸收（固定）1.63克二氧化碳，释放1.19克氧气。

图1-8 森林生态系统固碳释氧作用

此次报告通过森林的固碳（植被固碳和土壤固碳）功能和释氧功能两个指标计量固碳释氧物质量。

1. 固碳指标

目前，国内外测算森林生态系统固碳能力有多种方法，主要有生物量法、蓄积量模型法、涡度相关法、箱式法等。总体上可划分为3类，即NPP实测法、BEF模型法和NEE通量观测法。

1）NPP 实测法

NPP 实测法利用森林生态站及有关科研单位的长期连续观测的净初级生产力实测数据，再根据光合作用和呼吸作用方程式计算固碳量。

NPP 实测法是最原始、国际上公认的误差最小的碳汇测算方法。免去了其他碳汇测算方法繁琐的中间推算环节，不需要任何参数转换，直接测算出碳汇，避免了不必要的系统误差和人为误差，可以实现森林碳汇的精确测算。

生物量是包括在单位面积上全部植被、动物和微生物现存的有机质总量，由于微生物所占的比重极小，动物生物量也不足植物生物量的 10%，所以通常以植物生物量为代表。最早测定森林碳汇量所采用的生物量法，是采用传统的森林资源清查方法，即森林的生物量估测。通过大规模的实地调查取得实测数据建立一套标准的测量参数和生物量数据库，用样地数据得到植被的平均碳密度，然后用每一种植被的碳密度与面积相乘，测算生态系统的碳量。NPP 实测法把植被和土壤分开计算，以保证碳汇测算结果的精度。

2）BEF 模型法

BEF 模型法即建立蓄积量与生物量的函数关系测算生物量，再计算碳汇。模型法是在实测生物量数据不足的情况下不得不采用的方法。又可分为蓄积量法和平均生物量推算法。

蓄积量法以森林蓄积量数据为基础的碳测算方法。其原理是根据对森林主要树种抽样实测，计算出森林中主要树种的平均容重（吨/立方米），根据森林的总蓄积量求出生物量，再根据生物量与碳量的转换系数求森林的碳汇量（吴家兵等，2003）。蓄积量法比较直接、明确、技术简单，但是问题是每个树种的木材转换为生物量的系数有很大差异，所以此公式只能粗略测算某个地区的生物量，其测算结果误差较大。

平均生物量推算法。假定生物量扩散因子为常数利用森林资源清查资料中的蓄积量数据来转换生物量。该方法存在的问题是，实际的森林情况十分复杂，如热带雨林中的 BEF 可能相差好几倍；根据树木在不同林龄阶段的生长规律为 logistic 曲线方程特点，决定了 BEF 不可能是一个常数。因此将 BEF 作为一个固定值进行碳汇测算会有较大误差。假定生物量与蓄积量呈线性关系，方精云（1996）提出了蓄积量与生物量是直线回归关系 $B=aV+b$，此方法比以上方法稍有进步，但实际上生物量与蓄积量并不是线性关系，只是粗略测算生物量的方法，用以测算碳汇误差较大。假定蓄积量与生物量呈双曲线关系此方法符合树木生长规律，在足够样本（至少 25 个以上）获得的参数情况下，对于单个树种碳汇测算比较准确，但在树种较多且分布地区不同的情况下，同时得到这些参数目前条件不足。如果不采用各个树种都符合数理统计要求的模型，而只用一个模型计算所有林分类型碳汇则误差难以估计。

3）NEE 通量观测法

NEE 通量观测法即涡度相关法（eddy correlation），是通过测量近地面层的湍流状况和被测气体的尝试变化来计算被测气体的通量，是最直接的可连续测定的方法，是目前测算碳汇最为准确的方法（毛子军，2002；何英，2005）。

涡度相关指的是某种物质的垂直通量，即这种物质的浓度与其速度的协方差。NEE 通量观测法建立在微气象学基础上，主要是在林冠上方直接测定二氧化碳的涡流传递速率，直接长期对森林与大气之间的通量进行观测，可准确地计算出森林生态系统碳汇，同时又能为其他模型的建立和校准提供基础数据。

该方法的优点是在测算森林生态系统碳汇过程中不考虑其内部的变化，把观测的系统看作为一个黑箱，只观测系统碳汇的净产出，避免了许多不必要的环节。存在的问题有：一是，要求观测点足够多，才能代表区域森林生态系统的总体状况。二是，仪器昂贵，且系统稳定性差，经常会出现问题（赵德华等，2006）。三是，目前全世界测定二氧化碳通量的网点相对较少，计算大尺度的碳汇还有较大误差。目前以此方法获得的观测数据测算我国森林生态系统碳汇还有较大误差。存在的问题主要是：①当地形有一定坡度时，容易使空气中的二氧化碳发生漏流；②将小范围的研究结果推广到区域或全球时仍会产生较大的误差；③忽略空气的水平流和溶解于水体中碳容易造成二氧化碳交换量被低估；④底层大气对二氧化碳的储存效应容易造成二氧化碳交换量被低估；⑤容易受环境条件影响。

本报告采用第一种方法，首先根据光合作用和呼吸作用方程式确定森林每年生产 1 吨干物质固定吸收二氧化碳的量，再根据树种的年净初级生产力计算出森林每年固定二氧化碳的总量。

（1）植被和土壤年固碳量。公式：

$$G_{碳}=A \cdot (1.63 R_{碳} \cdot B_{年}+F_{土壤碳}) \cdot F \tag{1-16}$$

式中：$G_{碳}$——实测年固碳量（吨/年）；

$B_{年}$——实测林分年净生产力[吨/(公顷·年)]；

$F_{土壤碳}$——单位面积林分土壤年固碳量[吨/(公顷·年)]；

$R_{碳}$——二氧化碳中碳的含量，为 27.27%；

A——林分面积（公顷）；

F——森林生态功能修正系数。

公式计算得出森林的潜在年固碳量，再从其中减去由于森林年采伐造成的生物量移出从而损失的碳量，即为森林的实际年固碳量。

（2）年固碳价值。林分植被和土壤年固碳价值的计算公式：

$$U_{碳}=A \cdot C_{碳} \cdot (1.63 R_{碳} \cdot B_{年}+F_{土壤碳}) \cdot F \cdot d \tag{1-17}$$

式中：$U_{碳}$——实测林分年固碳价值（元/年）；

　　　$B_{年}$——实测林分年净生产力[吨/（公顷·年）]；

　　　$F_{土壤碳}$——单位面积林分土壤年固碳量[吨/（公顷·年）]；

　　　$C_{碳}$——固碳价格（元/吨）；

　　　$R_{碳}$——二氧化碳中碳的含量，为27.27%；

　　　A——林分面积（公顷）；

　　　F——森林生态功能修正系数；

　　　d——贴现率。

公式得出森林的潜在年固碳价值，再从其中减去由于森林年采伐消耗量造成的碳损失，即为森林的实际年固碳价值。

2. 释氧指标

（1）年释氧量。公式：

$$G_{氧气} = 1.19 A \cdot B_{年} \cdot F \tag{1-18}$$

式中：$G_{氧气}$——实测林分年释氧量（吨/年）；

　　　$B_{年}$——实测林分年净生产力[吨/（公顷·年）]；

　　　A——林分面积（公顷）；

　　　F——森林生态功能修正系数。

（2）年释氧价值。公式：

$$U_{氧} = 1.19 C_{氧} \cdot A \cdot B_{年} \cdot F \cdot d \tag{1-19}$$

式中：$U_{氧}$——实测林分年释氧价值（元/年）；

　　　$B_{年}$——实测林分年净生产力[吨/（公顷·年）]；

　　　$C_{氧}$——制造氧气的价格（元/吨）；

　　　A——林分面积（公顷）；

　　　F——森林生态功能修正系数；

　　　d——贴现率。

（四）林木积累营养物质

欧阳志云（1999）认为"生物从土壤、大气、降水中获得必需的营养元素，构成生物体。生态系统的所有生物体内贮存着各种营养元素，并通过元素循环，促使生物与非生物环境之间的元素变换，维持生态过程。"靳芳（2005）指出"森林生态系统在其生长过程中不断从周围环境吸收营养元素，固定在植物体中"。本报告综合了在以上两个定义的基础上，认为"积累营养物质指森林植物通过生化反应，在土壤、大气、降水中吸收氮、磷、钾等营养物质并贮存在体内各营养器官的功能。"

这里所要测算的营养物质氮、磷、钾含量与前面述及的森林生态系统保育土壤功能中保肥的氮、磷、钾有所不同，前者是被森林植被吸收进植物体内的营养物质，后者是森林生态系统中林下土壤里所含的营养物质，因此，在测算过程中将二者区分开来分别计量。

森林植被在生长过程中每年从土壤或空气中要吸收大量营养物质，如氮、磷、钾等，并贮存在植物体中。考虑到指标操作的可行性，本报告主要考虑主要营养元素氮、磷、钾元素的含量。在计算森林营养物质积累量时，以氮、磷、钾在植物体中的百分含量为依据，再结合原山林场森林资源调查数据及森林净初级生产力数据计算出原山林场森林生态系统年固定营养物质氮、磷、钾的总量。国内很多研究（苗毓鑫等，2012；文仕知等，2012）均采用了这种方法。

1. 林木营养物质年积累量

林木营养物质年积累量计算公式：

$$G_{氮} = A \cdot N_{营养} \cdot B_{年} \cdot F \tag{1-20}$$

$$G_{磷} = A \cdot P_{营养} \cdot B_{年} \cdot F \tag{1-21}$$

$$G_{钾} = A \cdot K_{营养} \cdot B_{年} \cdot F \tag{1-22}$$

式中：$G_{氮}$——植被固氮量（吨／年）；

$G_{磷}$——植被固磷量（吨／年）；

$G_{钾}$——植被固钾量（吨／年）；

$N_{营养}$——林木氮元素含量（%）；

$P_{营养}$——林木磷元素含量（%）；

$K_{营养}$——林木钾元素含量（%）；

$B_{年}$——实测林分年净生产力[吨／(公顷·年)]；

A——林分面积（公顷）；

F——森林生态功能修正系数。

2. 林木积累营养物质价值量

采取把营养物质折合成磷酸二铵化肥和氯化钾化肥方法计算林木营养积累价值，计算公式：

$$U_{营养} = A \cdot B \cdot \left(\frac{N_{营养} \cdot C_1}{R_1} + \frac{P_{营养} \cdot C_1}{R_2} + \frac{K_{营养} \cdot C_2}{R_3} \right) \cdot F \cdot d \tag{1-23}$$

式中：$U_{营养}$——实测林分氮、磷、钾增加价值（元／年）；

$N_{营养}$——实测林木氮元素含量（%）；

$P_{营养}$——实测林木磷元素含量（%）；

$K_{营养}$——实测林木钾元素含量（%）；

R_1——磷酸二铵含氮量（%）；

R_2——磷酸二铵含磷量（%）；

R_3——氯化钾含钾量（%）；

C_1——磷酸二铵化肥价格（元／吨）；

C_2——氯化钾化肥价格（元／吨）；

B——实测林分年净生产力［吨/（公顷·年）］；

A——林分面积（公顷）；

F——森林生态功能修正系数；

d——贴现率。

（五）净化大气环境功能

近年雾霾天气频繁、大范围的出现，使空气质量状况成为民众和政府部门的关注焦点，大气颗粒物（如 PM_{10}、$PM_{2.5}$）被认为是造成雾霾天气的罪魁出现在人们的视野中。如何控制大气污染、改善空气质量成为科学研究的热点。

森林能有效吸收有害气体、吸滞粉尘、降低噪音、提供负离子等，从而起到净化大气作用（图1-9）。为此，本研究选取提供负离子、吸收污染物（二氧化硫、氟化物和氮氧化物）、滞尘、滞纳 PM_{10} 和 $PM_{2.5}$ 等7个指标反映森林净化大气环境能力，由于降低噪音指标计算方法尚不成熟，所以本研究中不涉及降低噪音指标。

> 森林提供负氧离子是指森林的树冠、枝叶的尖端放电以及光合作用过程的光电效应促使空气电解，产生空气负离子，同时森林植被释放的挥发性物质如植物精气（又叫芬多精）等也能促使空气电离，增加空气负离子浓度。

> 森林滞纳空气颗粒物是指由于森林增加地表粗糙度，降低风速从而提高空气颗粒物的沉降几率，同时，植物叶片结构特征的理化特性为颗粒物的附着提供了有利的条件；此外，枝、叶、茎还能够通过气孔和皮孔滞纳空气颗粒物。

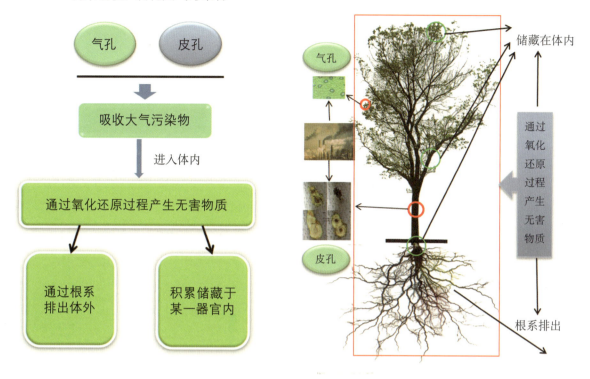

图1-9 树木吸收空气污染物示意

1. 提供负离子指标

(1) 年提供负离子量。公式：

$$G_{负离子} = 5.256 \times 10^{15} \cdot Q_{负离子} \cdot A \cdot H \cdot F / L \tag{1-24}$$

式中：$G_{负离子}$——实测林分年提供负离子个数（个/年）；

$Q_{负离子}$——实测林分负离子浓度（个/立方厘米）；

H——林分高度（米）；

L——负离子寿命（分钟）；

A——林分面积（公顷）；

F——森林生态功能修正系数。

(2) 年提供负离子价值。国内外研究证明，当空气中负离子达到600个/立方厘米以上时，才能有益人体健康，所以林分年提供负离子价值采用如下公式计算：

$$U_{负离子} = 5.256 \times 10^{15} \cdot A \cdot H \cdot K_{负离子} \cdot (Q_{负离子} - 600) \cdot F \cdot d / L \tag{1-25}$$

式中：$U_{负离子}$——实测林分年提供负离子价值（元/年）；

$K_{负离子}$——负离子生产费用（元/个）；

$Q_{负离子}$——实测林分负离子浓度（个/立方厘米）；

L——负离子寿命（分钟）；

H——林分高度（米）；

A——林分面积（公顷）；

F——森林生态功能修正系数；

d——贴现率。

2. 吸收污染物指标

二氧化硫、氟化物和氮氧化物是大气污染物的主要物质（图 1-10）。因此，本研究选取森林吸收二氧化硫、氟化物和氮氧化物3个指标核算森林吸收污染物的能力。森林对二氧化硫、氟化物和氮氧化物的吸收，可使用面积-吸收能力法、阈值法、叶干质量估算法等。本研究采用面积-吸收能力法核算森林吸收污染物的总量，采用应税污染物法核算价值量。

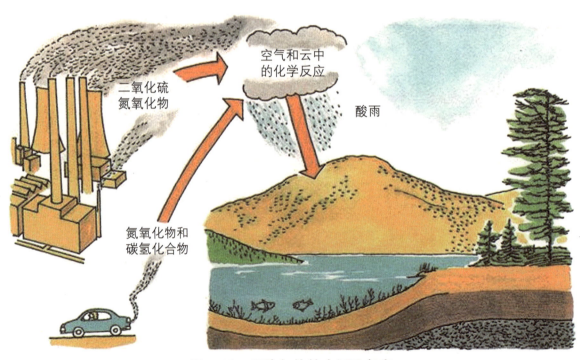

图 1-10　污染气体的来源及危害

（1）吸收二氧化硫。

①林分年吸收二氧化硫量计算公式：

$$G_{二氧化硫} = Q_{二氧化硫} \cdot A \cdot F / 1000 \tag{1-26}$$

式中：$G_{二氧化硫}$——实测林分年吸收二氧化硫量（吨/年）；

$Q_{二氧化硫}$——单位面积实测林分年吸收二氧化硫量[千克/（公顷·年）]；

A——林分面积（公顷）；

F——森林生态功能修正系数。

②林分年吸收二氧化硫价值计算公式：

$$U_{二氧化硫}=Q_{二氧化硫}/N_{二氧化硫}\cdot K\cdot A\cdot F\cdot d \tag{1-27}$$

式中：$U_{二氧化硫}$——实测林分年吸收二氧化硫价值（元/年）；

$Q_{二氧化硫}$——单位面积实测林分年吸收二氧化硫量[千克/(公顷·年)]；

$N_{二氧化硫}$——二氧化硫污染当量值（千克，见附表2《应税污染物和当量值》）；

K——税额（元，见附表1《环境保护税税目税额》）；

A——林分面积（公顷）；

F——森林生态功能修正系数；

d——贴现率。

(2) 吸收氟化物。

①林分吸收氟化物年量计算公式：

$$G_{氟化物}=Q_{氟化物}\cdot A\cdot F/1000 \tag{1-28}$$

式中：$G_{氟化物}$——实测林分年吸收氟化物量（吨/年）；

$Q_{氟化物}$——单位面积实测林分年吸收氟化物量[千克/(公顷·年)]；

A——林分面积（公顷）；

F——森林生态功能修正系数。

②林分年吸收氟化物价值计算公式：

$$U_{氟化物}=Q_{氟化物}/N_{氟化物}\cdot K\cdot A\cdot F\cdot d \tag{1-29}$$

式中：$U_{氟化物}$——实测林分年吸收氟化物价值（元/年）；

$Q_{氟化物}$——单位面积实测林分年吸收氟化物量[千克/(公顷·年)]；

$N_{氟化物}$——氟化物污染当量值（千克，见附表2《应税污染物和当量值》）；

K——税额（元，见附表1《环境保护税税目税额》）；

A——林分面积（公顷）；

F——森林生态功能修正系数；

d——贴现率。

(3) 吸收氮氧化物。

①林分氮氧化物年吸收量计算公式：

$$G_{氮氧化物}=Q_{氮氧化物}\cdot A\cdot F/1000 \tag{1-30}$$

式中：$G_{氮氧化物}$——实测林分年吸收氮氧化物量（吨/年）；

$Q_{氮氧化物}$——单位面积实测林分年吸收氮氧化物量[千克/(公顷·年)]；

A——林分面积（公顷）；

F——森林生态功能修正系数。

②年吸收氮氧化物量价值计算公式如下：

$$U_{氮氧化物} = Q_{氮氧化物} / N_{氮氧化物} \cdot K \cdot A \cdot F \cdot d \tag{1-31}$$

式中：$U_{氮氧化物}$——实测林分年吸收氮氧化物价值（元/年）；

$Q_{氮氧化物}$——单位面积实测林分年吸收氮氧化物量[千克/(公顷·年)]；

$N_{氮氧化物}$——氮氧化物污染当量值（千克，见附表2《应税污染物和当量值》）；

K——税额（元，见附表1《环境保护税税目税额》）；

A——林分面积（公顷）；

F——森林生态功能修正系数；

d——贴现率。

3. 滞尘指标

森林有阻挡、过滤和吸附粉尘的作用，可提高空气质量。因此滞尘功能是森林生态系统重要的服务功能之一。鉴于近年来人们对 PM_{10} 和 $PM_{2.5}$（图1-11）的关注，本研究在评估总滞尘量及其价值的基础上，将 PM_{10} 和 $PM_{2.5}$ 从总滞尘量中分离出来进行了单独的物质

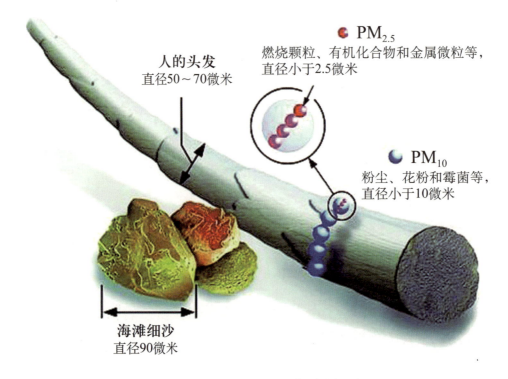

图 1-11　$PM_{2.5}$ 颗粒直径示意

量和价值量评估。

(1) 年总滞尘量。公式：

$$G_{滞尘} = Q_{滞尘} \cdot A \cdot F / 1000 \tag{1-32}$$

式中：$G_{滞尘}$——实测林分年滞尘量（吨/年）；

$Q_{滞尘}$——单位面积实测林分年滞尘量[千克/（公顷·年）]；

A——林分面积（公顷）；

F——森林生态功能修正系数。

(2) 年滞尘价值。本研究中，用应税污染物法计算林分滞纳 PM_{10} 和 $PM_{2.5}$ 的价值。其中，PM_{10} 和 $PM_{2.5}$ 采用炭黑尘（粒径 0.4~1 微米）污染当量值结合应税额度进行核算。林分滞纳其余颗粒物的价值一般性粉尘（粒径＜75 微米）污染当量值结合应税额度进行核算。年滞尘价值计算公式如下：

$$U_{滞尘} = (Q_{滞尘} - Q_{PM_{10}} - Q_{PM_{2.5}}) / N_{一般性粉尘} \cdot K \cdot A \cdot F \cdot d + U_{PM_{10}} + U_{PM_{2.5}} \tag{1-33}$$

式中：$U_{滞尘}$——实测林分年滞尘价值（元/年）；

$Q_{滞尘}$——单位面积实测林分年滞尘量[千克/（公顷·年）]；

$Q_{PM_{10}}$——单位面积实测林分年滞纳 PM_{10} 量[千克/（公顷·年）]；

$Q_{PM_{2.5}}$——单位面积实测林分年滞纳 $PM_{2.5}$ 量[千克/（公顷·年）]；

$N_{一般性粉尘}$——一般性粉尘污染当量值（千克，见附表2《应税污染物和当量值》）；

K——税额（元，见附表1《环境保护税税目税额》）；

A——林分面积（公顷）；

F——森林生态功能修正系数；

$U_{PM_{10}}$——林分年滞纳 PM_{10} 价值（元/年）；

$U_{PM_{2.5}}$——林分年滞纳 $PM_{2.5}$ 价值（元/年）；

d——贴现率。

4. 滞纳 $PM_{2.5}$

(1) 年滞纳 $PM_{2.5}$ 量。公式：

$$G_{PM_{2.5}} = Q_{PM_{2.5}} \cdot A \cdot n \cdot F \cdot LAI \cdot d \tag{1-34}$$

式中：$G_{PM_{2.5}}$——实测林分年滞纳 $PM_{2.5}$ 量（千克/年）；

$Q_{PM_{2.5}}$——实测林分单位面积滞纳 $PM_{2.5}$ 量（克/平方米）；

A——林分面积（公顷）；

F——森林生态功能修正系数；

n——年洗脱次数；

LAI——叶面积指数。

(2) 年滞纳 $PM_{2.5}$ 价值。公式如下：

$$U_{PM_{2.5}} = 10 \cdot Q_{PM_{2.5}} / N_{炭黑尘} \cdot K \cdot A \cdot n \cdot F \cdot LAI \cdot d \tag{1-35}$$

式中：$U_{PM_{2.5}}$——实测林分年滞纳 $PM_{2.5}$ 价值（元/年）；

$Q_{PM_{2.5}}$——实测林分单位面积滞纳 $PM_{2.5}$ 量（克/平方米）；

$N_{炭黑尘}$——炭黑尘污染当量值（千克，见附表 2《应税污染物和当量值》）；

K——税额（元，见附表 1《环境保护税税目税额》）；

A——林分面积（公顷）；

F——森林生态功能修正系数；

n——年洗脱次数；

LAI——叶面积指数；

d——贴现率。

5. 滞纳 PM_{10}

(1) 年滞纳 PM_{10} 量。公式：

$$G_{PM_{10}} = 10 \cdot Q_{PM_{10}} \cdot A \cdot n \cdot F \cdot LAI \tag{1-36}$$

式中：$G_{PM_{10}}$——实测林分年滞纳 PM_{10} 量（千克/年）；

$Q_{PM_{10}}$——实测林分单位叶面积滞纳 PM_{10} 量（克/平方米）；

A——林分面积（公顷）；

F——森林生态功能修正系数；

n——年洗脱次数；

LAI——叶面积指数。

(2) 年滞纳 PM_{10} 价值。公式如下：

$$U_{PM_{10}} = 10 \cdot Q_{PM_{10}} / N_{炭黑尘} \cdot K \cdot A \cdot n \cdot F \cdot LAI \cdot d \tag{1-37}$$

式中：$U_{PM_{10}}$——实测林分年滞纳 PM_{10} 价值（元/年）；

$Q_{PM_{10}}$——实测林分单位叶面积滞纳 PM_{10} 量（克/平方米）；

$N_{炭黑尘}$——炭黑尘污染当量值（千克，见附表 2《应税污染物和当量值》）；

K——税额（元，见附表 1《环境保护税税目税额》）；

A——林分面积（公顷）；

F——森林生态功能修正系数；
n——年洗脱次数；
LAI——叶面积指数；
d——贴现率。

（六）生物多样性保护价值

生物多样性维护了自然界的生态平衡，并为人类的生存提供了良好的环境条件。生物多样性是生态系统不可缺少的组成部分，对生态系统服务的发挥具有十分重要的作用。Shannon-Wiener 指数是反映森林中物种的丰富度和分布均匀程度的经典指标，其生态学意义可以理解为：种数一定的总体，各种间数量分布均匀时，多样性最高；两个物种个体数量分布均匀的总体，物种数目越多，多样性越高。

由于人类人口迅猛增长以及伴随而来的自然栖息地的破坏，对生物资源的过度开发利用、环境污染、外来种的引入等，使得大量物种的生存受到不同程度的威胁甚至濒于灭绝的危险境地。濒危物种同样是生物多样性的重要组成部分，加强濒危物种的保护对于促进生物多样性的保育具有重要意义。所以，在对物种多样性保育价值评估时，濒危指数是不可或缺的重要部分，有利于进一步强调物种多样性的保育价值，尤其是濒危物种方面的保育价值。

由于植物种群在遗传特性和自然条件方面存在有异质性，种群遗传特性指的是基因突变、错位、多倍体及自然杂交等，生境包括当地的气候、土壤、地貌的多样性，因此便出现了特有科、特有属和特有种植物，使得每个植物区系或某个植物分布区域内的生物多样性存在特殊性。植物特有种的研究对于生物多样性的保护以及揭示生物多样性的形成机制也起着重要的作用。由于特有种是生物多样性的依据，多样性是特有种现象的体现。所以，森林生态系统物种多样性保育价值评估时，特有种现象是其中一个重要指标（王兵等，2012）。

古树名木是历史与文化的象征，是绿色文化，活的化石，是自然界和前人留给后辈的宝贵财富，同时它也是其所在地区生物多样性的一个重要体现，在森林生态系统物种多样性保育价值评估时，古树年龄指数也是其中的一个重要指标。

因此，传统 Shannon-Wiener 指数对生物多样性保护等级的界定不够全面。本次报告增加濒危指数、特有种指数以及古树年龄指数对生物多样性保育价值进行核算。

修正后的生物多样性保护功能核算公式如下：

$$U_{总} = (1+0.1\sum_{m=1}^{x} E_m + 0.1\sum_{n=1}^{y} B_n + 0.1\sum_{r=1}^{z} O_r) \cdot S_{生} \cdot A \cdot d \qquad (1\text{-}38)$$

式中：$U_{总}$——实测林分年生物多样性保护价值（元/年）；

E_m——实测林分或区域内物种 m 的濒危指数（表1-1）；

B_n——实测林分或区域内物种 n 的濒危指数（表1-2）；

O_r——实测林分或区域内物种 r 的濒危指数（表1-3）；

x——计算濒危指数物种数量；

y——计算特有种指数物种数量；

z——计算古树年龄指数物种数量；

$S_{生}$——单位面积物种多样性保护价值量[元/（公顷·年）]；

A——林分面积（公顷）；

d——贴现率。

表1-1 物种濒危指数体系

濒危指数	濒危等级	物种种类
4	极危	参见《中国物种红色名录 第一卷：红色名录》
3	濒危	
2	易危	
1	近危	

表1-2 特有种指数体系

特有种指数	分布范围
4	仅限于范围不大的山峰或特殊的自然地理环境下分布
3	仅限于某些较大的自然地理环境下分布的类群，如仅分布于较大的海岛（岛屿）、高原、若干个山脉等
2	仅限于某个大陆分布的分类群
1	至少在2个大陆都有分布的分类群
0	世界广布的分类群

注：参见《植物特有现象的量化》（苏志尧，1999）。

表1-3 古树年龄指数体系

古树年龄	指数等级	来源及依据
100～299年	1	参见全国绿化委员会、国家林业局文件《关于开展古树名木普查建档工作的通知》
300～499年	2	
≥500年	3	

本研究根据 Shannon-Wiener 指数计算生物多样性保护价值，共划分 7 个等级：

当指数 <1 时，$S_生$ 为 3000[元/(公顷·年)]；

当 1≤指数<2 时，$S_生$ 为 5000[元/(公顷·年)]；

当 2≤指数<3 时，$S_生$ 为 10000[元/(公顷·年)]；

当 3≤指数<4 时，$S_生$ 为 20000[元/(公顷·年)]；

当 4≤指数<5 时，$S_生$ 为 30000[元/(公顷·年)]；

当 5≤指数<6 时，$S_生$ 为 40000[元/(公顷·年)]；

当指数≥6 时，$S_生$ 为 50000[元/(公顷·年)]。

（七）森林游憩价值

森林游憩是指森林生态系统为人类提供休闲和娱乐场所所产生的价值，包括直接价值和间接价值，采用林业旅游与休闲产值替代法进行核算。原山林场以"原山精神"的独特性而受到瞩目，并且每年会有许多不同单位组织的培训班来原山林场进行培训。所以，本报告中森林游憩价值包括了为人类提供休闲和娱乐场所所、山东原山艰苦创业教育基地培训班的直接收入和带动周边间接性收入两部分。

$$U_游 = T_门 + N \cdot [(D_人 + T_交 + T_培) \cdot d + C_人] \tag{1-39}$$

式中：$U_游$——原山林场森林生态系统森林游憩功能价值量（元/年）；

$T_门$——原山林场各景区和山东原山艰苦创业教育基地门票收入（元/年）；

N——山东原山艰苦创业教育基地年均接待培训人数（人/年）；

$D_人$——会议费用定额[元/（人·天）]；

$T_交$——交通费用（元/人）；

$T_培$——培训费用（元/人）；

$C_人$——购物费用（取自：我国居民收入与国内旅游消费关系研究）（元/人）；

d——平均培训天数（天）。

（八）森林生态系统服务总价值评估

森林生态系统服务总价值为上述各分项生态系统服务价值之和，计算公式：

$$U_I = \sum_{i=1}^{21} U_i \tag{1-40}$$

式中：U_I——森林生态系统服务年总价值（元/年）；

U_i——森林生态系统服务各分项年价值（元/年）。

第二章
山东省淄博市原山林场概况

第一节 自然概况

一、地理位置

山东省淄博市原山林场位于淄博市博山区西南部鲁中山区北麓,以原山、瑚山、望鲁山、岳阳山四大山系组成的崇山峻岭之中。东经117°44′38″~117°54′56″,北纬36°25′10″~36°34′22″林场东至八陡镇增福村林场,西至莱芜市莱城区茶叶口镇,南至石炭坞南山一脉,北至博山区石门风景区。

二、地形地貌

原山林场经营区域内主要分布有前震旦系花岗岩和片麻岩、寒武系页岩和奥陶系石灰岩几种类型。地貌类型属于低山丘陵区,海拔高程在200~800米之间。最高峰西黑山海拔848.3米,次高峰双堆山834米,享有博山旧八大景美誉之一的禹王山海拔797.8米。山系既有东西走向,也有南北走向,山脉两侧多断层。山峦起伏,地形复杂,沟谷幽深,悬崖绝壁,随处可见。全场土壤主要分两大类型:褐土和棕壤。褐土主要分布在基岩为石灰岩或页岩的林区,面积为2137.37公顷,占全场林业用地面积的73.5%,棕壤主要分布在基岩为花岗岩或片麻岩的林区,面积为769.38公顷,占26.5%。

三、气候条件

林区属于暖温带季风区半湿润气候,年平均气温为13.6℃,年均降水量为736.6毫米,空间分布不均。林区多年平均相对空气湿度为60%,呈半湿润状态。平均日照时数2209.3小时,无霜期为202天,四季分明,季风气候明显,春季空气干燥,降水少,温度回升快,多西南大风,常有干旱、霜冻等灾害发生;夏季高温高湿,降水量集中且多雷雨、大风;秋季气温下降,雨量突减,天气晴朗稳定;冬季气候干燥寒冷,雨雪少,多北向大风。四季分布为冬夏长，春秋短。冬季最长，为140天；夏季次之，为100天；春季最短，为60天。

四、生物资源

原山林场森林植被在中国植被区划中为暖温带落叶阔叶林区域—暖温带落叶阔叶林地带—暖温带南部落叶栎林亚地带—鲁中南山地、丘陵栽培植被，油松林、侧柏林、杂木林小区。境内有维管束植物104科374属730种（含44变种7亚型2亚种）。其中，国家一级、二级、三级保护植物6种，列入《濒危野生动植物种国家贸易公约》植物2种，《中国植物红皮书——稀有濒危植物》所列植物3种，山东省珍稀濒危植物18种。具体分为：蕨类植物10科12属18种（含1变种）；裸子植物门4科10属20种（含2变种）；被子植物90科352属692种（含41变种7变型2亚种）。

原山林场动物资源的种群，属于暖温带旱作区农田动物群，温带森林—森林草原动物群。境内有野生动物13纲54目230科1184种。其中，脊椎动物5纲28目70科321种；无脊椎动物8纲26目160科863种。国家一级保护动物3种，分别为金雕、白尾雕、中华秋沙鸭。国家二级保护动物34种。山东省重点保护野生动物46种。列入《濒危野生动植物种国家贸易公约》中的保护动物45种。在《中国和日本国政府保护候鸟及其栖息环境协定》中的保护鸟类132种。在《中国与澳大利亚政府保护候鸟及其栖息环境的协定》中的保护鸟类31种。

第二节　发展概况

2009年年初，国家林业局党组提出了在认真总结国有林场改革试点经验基础上，进一步扩大试点范围，不断完善改革措施，力争全面启动国有林场改革的重要任务。为了落实这项重要工作，国家林业局管理干部学院把国有林场改革调研作为一项重要教学内容，2009年5月中旬和6月中旬，管理干部学院第34期党员领导干部进修班先后赴山东淄博市原山林场、河北塞罕坝机械林场开展调研。调研中，学员深入林场基层，广泛听取多方面意见，调查了解林场发展状况，与林场干部职工共商改革发展道路。经过调研，两个林场在困境中坚持了解放思想、大胆改革创新的时代精神和艰苦奋斗、无私奉献的实干精神，按照分类经营、理顺体制的改革思路，逐步走上了可持续发展的良性轨道。他们的做法可以为国有林场改革提供一些可借鉴的经验。

淄博市原山林场是淄博市自然资源局所属公益一类事业单位，生态公益型林场，位于山东省淄博市博山区西南部山区，紧邻城区，地理位置优越，是国家级森林公园。林场经营面积2935.06公顷，森林覆盖率达到94.4%，活立木蓄积量19.74万立方米。1957年建场，主要任务是封山育林。原山林场坚持市场化改革导向,跳出林场办林场,探索了以森林资源为依托,"以副养林、以林兴场"多产业并举的可持续发展道路。

1982年开始实行事业单位企业化管理以来,林场开始走上了一条靠发展多种经营"以副养林"的道路。由于受到管理体制和经营机制等种种客观因素制约,林场经营逐渐陷入困境。截至1996年年底,林场外欠债务高达4000多万元。

1996年12月孙建博任林场场长后(图2-1),新的领导班子做出了"跳出林场办林场""坚定不移地走多种经营、以副养林的路子"的决定,提出了"围绕主业,发展副业,重点实现旅游业突破"的经营思路。通过实施一系列行之有效的改革措施,极大地激发了干部职工的积极性和创造性,林场发生了"翻天覆地"的变化。例如:把副业单位全面推向市场,对长青林山庄、酒厂等单位实行了股份制改革。能私有的私有,能股份的股份,能租赁的租赁,集团公司实行"两按一确保"三项考核办法,即:按时上交租赁费,按时给工人开工资,确保安全生产。对职工实行事业单位身份不变,工资实行计件工资、效益工资。这一改革措施,改变了过去干多干少一个样的大锅饭思想,极大地提高了职工的积极性(王延成,2010)。

图2-1 林业英雄孙建博同志(拍摄于:艰苦创业纪念馆)

原山林场坚持科学发展理念，发展依靠群众，发展为了群众，成果由群众共享。在完善内部管理制度方面作了大量创新型工作，对人事、分配制度进行改革，充分调动了干部职工的积极性。从1997年开始，在林场内部就彻底打破了干部、工人界限，把能力突出的职工提拔到领导管理岗位上。2005年，时任国务院总理温家宝对原山林场的改革发展成就作出了重要批示，温家宝总理在批示中提到：山东原山林场的改革值得重视，国家林业局可派人调查研究，总结经验，供其他国有林场改革借鉴。

原山林场在生态旅游方面也作出了大胆的变革，使原山旅游业成为原山事业发展的一张名片，带动了原山集团其他产业的发展，也有力地拉动了地方经济。原山林场的森林全部是生态防护林，生态效益、社会效益显著，而经济效益甚微。从1997年起，林场全面停止采伐，经济效益几乎为零。如何变生态效益为经济效益？经过充分论证，决定把工作重点调整到依托森林资源发展旅游上来。充分发挥森林、古树、泉水、禽鸟等自然景观和齐长城、石海、名寺古刹等人文景观的作用，搞"大开发、大市场、大旅游"。一是不断加大投入。先后投资上亿元，新建了原山娱乐城、保龄球馆、森林乐园、卡丁车场、民俗风情园、云步桥、鸟语林、网球场、恐龙谷、爱晚亭、游泳池、石海栈桥（图2-2）、滑草场、齐鲁古战场遗址等游乐场所；又投巨资对玉皇宫、吕祖庙、颜灵塔、石刻大观园等进行了修复、改建。二是加大旅游宣传力度，每年拿出巨资用于广告宣传，包装、促销原山林场，把原山林场做成了山东省著名的景点、国家AAAA级旅游景区，知名度在全国大大提高（王延成，2010）。

图2-2　石海

截至 2008 年年底，林场已经发展成为拥有资产 4.6 亿元、年总收入达 1.2 亿元、多业并举的企业集团公司（集林业、旅游业、工业、商业、房地产开发等多种产业为一体的综合性经营单位）；林场职工年均收入 2 万元，户均家庭住房面积近 100 平方米；林场还投资建起森林防火微波监控中心，连续 20 年未发生火灾，被评为"全国森林防火先进单位"；林场被命名为首家国家森林文化教育基地、国家 AAAA 级景区、国家重点风景名胜区等。同时，原山林场还先后被授予"全国创先争优先进基层党组织""全国五一劳动奖状""全国青年文明号""全国扶残助残先进集体""全国旅游先进集体""保护森林和野生动植物资源先进集体"等荣誉，原山林场被国家林业和草原局树为全国国有林场改革的一面旗帜。2013 年3 月，原山林场党委书记孙建博当选为第十二届全国人大代表，成为整个林业系统的光荣和骄傲。2018 年 3 月孙建博书记又当选为第十三届全国人大代表。

在改革发展中，原山林场有一个好带头人，有一个坚强有力的领导班子，有一支作风过硬的党员干部队伍。他们敢于吃苦、敢于担当、敢立标杆、敢作表率，表现出党员干部的铮铮铁骨和公仆情怀（摘自《中国绿色时报》2016 年 6 月 27 日）。林场艰苦创业形成的"特别能吃苦、特别能战斗、特别能忍耐、特别能奉献"的原山精神，已经成为原山改革发展的宝贵财富和经验。林场领导班子把甘于奉献和勇于创新的精神很好地融在一起，奠定了林场改革发展的思想保障。林场领导班子把先进的市场经营管理理念和民主的工作作风很好地结合起来，保证了在原山国有林场改革发展的重大关头能够作出正确决策。从最初的存量盘活、企业改制到后来的以副养林、跳出林场办林场，重点突破旅游业的发展战略，体现了领导班子的大局意识和战略思维。

图 2-3　高玉红场长带领职工除雪

第三节 精神文明建设概况

艰苦创业精神是中国共产党人的政治本色和优良传统。原山精神的核心是艰苦奋斗、艰苦创业，是新时代传承红色基因的现实样板，是新时期对红色基因、红色精神的诠释。在原山人眼里，它不是哪一个时代的产物，而是成就任何事业、任何时代都不可缺少的强大精神动力。山东原山艰苦创业教育基地向人们生动地展示了原山精神的发展史，具有非常强的教育意义（图2-4）。原山林场1957年建场，建场之初森林覆盖率不足2%，到处是荒山秃岭，为响应国家的号召，几代务林人发扬"先治坡后治窝，先生产后生活"的精神，终于使座座荒山披上了绿装；1996年以孙建博为首的新一届领导班子上任后，在国家对林业事业单位"断粮断奶"的前提下，原山人不等不靠，主动作为，通过大力发展林业产业，将源源不断的资金投入生态文明建设，并在全国4855家国有林场中率先实现了山绿、场活、业兴、人富、林强的发展目标，成为全国林业战线的一面旗帜；孙建博同志是新时代奋斗者的代表，他对习近平总书记所说的"幸福都是奋斗出来的""奋斗本身就是一种幸福"等一系列接地气的"奋斗幸福观"有着深刻的感悟：幸福不会从天而降，站在新的起点上，原山要想实现新作为，就更需要秉持艰苦奋斗精神，用实干传承红色基因，在奋斗中体验幸福、在幸福中努力奋斗（摘自《中国绿色时报》2018年08月01日）。

图 2-4　山东原山艰苦创业教育基地

2016年7月1日，"弘扬原山艰苦创业精神 凝神聚力推动绿色发展"座谈会在山东原山艰苦创业纪念馆举行，会上，国家林业局党组成员、中纪委驻国家林业局纪检组组长陈述贤代表国家林业局为山东原山艰苦创业纪念馆授牌"国家林业局党员干部教育基地"。11月9日，国家林业局党校现场教学基地授牌仪式、全国国有林场改革纪录片《生态树》开机仪式在山东原山艰苦创业教育基地举行，国家林业局党组成员、副局长张永利为"山东原山艰苦创业纪念馆"授牌"国家林业局党校现场教学基地"（图2-5）。山东原山艰苦创业纪念馆成为全国第一家系统展现国有林场艰苦创业、敬业奉献的大型展馆（图2-6）。2018年3月，与焦裕禄精神、红旗渠精神、井冈山精神等一起入选中央国家机关首批12家党性教育基地之一，原山精神是社会主义核心价值观的生动体现，是务林人献给中华民族的宝贵精神财富。新时代弘扬原山精神，就是要坚定理想信念，勇于担当作为；就是要坚持艰苦奋斗，敢于攻坚克难；就是要坚持问题导向，善于改革创新；就是要坚持实干兴业，甘于求实奉献《摘自《中国绿色时报》2018年06月29日）。

图 2-5　原山基地挂牌仪式

图 2-6　山东原山艰苦创业纪念馆

原山成为新时期艰苦创业的典范。2017年3月17日，由中共中央党校出版社、山东原山艰苦创业教育基地主办的"弘扬艰苦创业精神——学习习近平总书记系列重要讲话精神暨山东原山艰苦创业教育基地党员干部培训教材出版座谈会"在中央党校举行。2018年6月27日，由中国林业职工思想政治工作研究会主办，山东原山艰苦创业教育基地承办的"保持艰苦奋斗光荣传统 实现伟大复兴中国梦"新时代原山精神研讨会在北京人民大会堂山东厅隆重举行，与会专家、学者一致认为，在全面深化改革开放的新形势下，比以往任何时候都更加需要秉持艰苦奋斗、艰苦创业精神，更加需要在奉行艰苦奋斗、艰苦创业精髓的基础上不断将中国特色社会主义事业推向更新的发展阶段、更高的发展水平。而淄博市原山林场将荒山变绿山，进而打造金山银山的60年生动实践，就是对艰苦创业精神的完美诠释。孙建博带领的原山林场一直坚持和发扬的艰苦创业精神，就是我们今天所处的这个伟大时代需要的一种伟大精神。

"新时代是奋斗者的时代"，2018年1月9日，人力资源社会保障部、全国绿化委员会、国家林业局联合发文，授予孙建博同志"林业英雄"称号，对孙建博同志"实现了绿水青山与金山银山的完美统一，成为全国林业系统的一面旗帜和国有林场改革发展的典范"的先进事迹给予充分肯定，并号召全国林业战线广大干部职工向孙建博同志学习，深入贯彻党的十九大精神，以习近平新时代中国特色社会主义思想为指导，加快林业现代化进程，大力推进生态文明建设，努力建设美丽中国。

第四节 森林资源时空格局变化

一、原山林场森林资源

（一）森林资源现状

原山林场森林资源总体概况如图2-7所示：原山林场现有森林面积2380.88公顷。其中，侧柏、刺槐和松类的面积最大，三者合计占总面积的97.29%，蓄积量占到了全场的96.96%。6个营林区的森林资源的排序为：石炭坞营林区、樵岭前营林区、岭西营林区、北峪营林区、凤凰山营林区和良庄营林区，其中前4个林区的森林面积较大，占总面积的90.49%、蓄积量占到了91.20%。在各个林龄组中，原山林场大部分森林处于中幼龄林，其面积占到了林场总面积的87.40%，蓄积量占到了85.61%。

各优势树种（组）：侧柏林、松类、栎类、刺槐林、针阔混交林和阔叶混交林面积所占比例分别为45.76%、21.65%、1.10%、29.88%、1.06%和0.55%；蓄积量所占比重分别为41.14%、24.61%、1.60%、31.21%、1.29%和0.15%。

各营林区：北峪营林区、岭西营林区、良庄营林区、凤凰山营林区、樵岭前营林区和石炭坞营林区面积所占比例分别为19.18%、21.88%、1.23%、8.28%、24.62%和24.81%；蓄积量所占比重分别为17.33%、23.93%、0.48%、8.33%、26.52%和23.41%。

各林龄组：幼龄林、中龄林、近熟林、成熟林和过熟林面积所占比例分别为48.19%、39.76%、5.27%、4.60%和2.18%；蓄积量所占比重分别为42.00%、43.60%、6.60%、5.54%和2.26%。

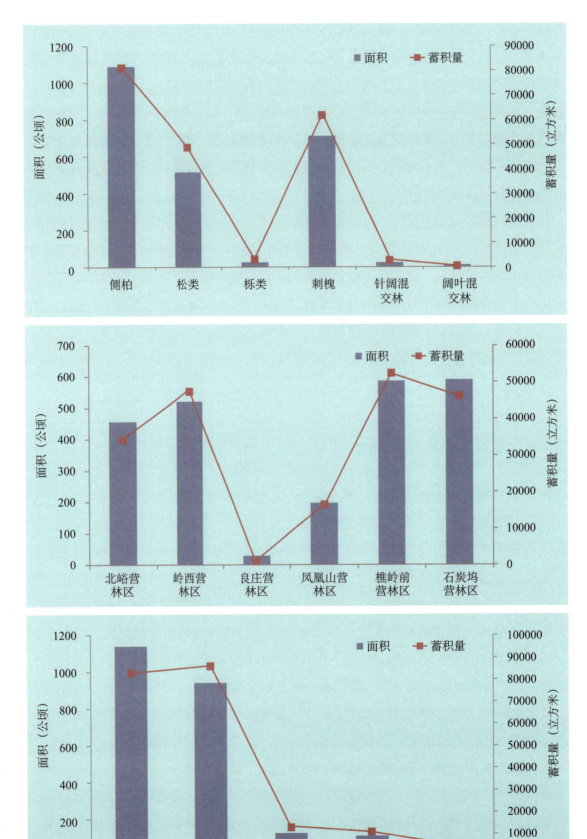

图 2-7 原山林场森林资源总体情况

(二)原山林场森林资源动态变化

1957年,原山林场建场之初,林场境域是大面积的荒山秃岭,只有中华人民共和国成立前的残存林116.6公顷,以及中华人民共和国成立后组织群众营造的125公顷幼林。面对"百把锄头百张锹、一辆马车屋漏天"的窘境,原山人白手起家,在石坡上凿坑种树,从悬崖上取水滴灌,靠几代人持之以恒的心血和汗水绿化了座座荒山,成为鲁中地区一道不可或缺的生态屏障,为原山发展多种产业、全面崛起打下了坚实基础。

原山林场森林面积动态变化如图2-8所示,原山林场森林资源呈现出逐步增长的趋势,与1983年相比,2000年、2011年和2014年森林面积分别增长了21.26%、25.56%和21.28%,蓄积量分别增长了191.11%、352.09%和482.07%。从数据中可以看出,蓄积量的增长幅度远远高于森林面积。从建场之初的森林面积来看,经过几代林业人的不懈努力,原山林场森林资源发生了翻天覆地的变化。

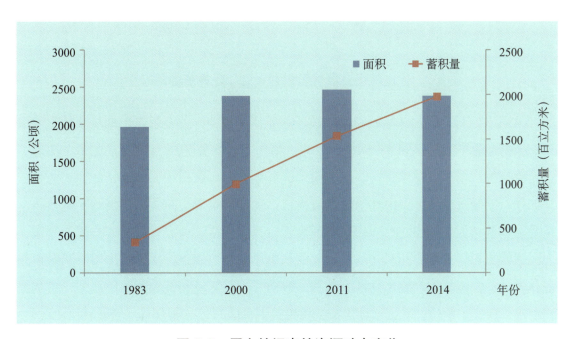

图2-8 原山林场森林资源动态变化

原山林场主要优势树种(组)的森林资源动态变化如图2-9所示,松类和侧柏呈现出先增长后降低的趋势,栎类和刺槐呈现出持续增长的趋势。

从原山林场森林面积变化来看,主要驱动因子就是植树造林和森林资源保护,而蓄积量除了以上两个驱动因子直接影响外,还与林木自身生长和中幼林龄抚育息息相关。

首先是植树造林。原山林场森林资源的动态变化规律,反映出了林场从无到有、从小到大、从弱到强的发展历程,从"爱原山无私奉献,建原山勇挑重担"到"特别能吃苦,特别能忍耐,特别能战斗,特别能奉献",再到如今的"一家人一起吃苦,一起干活,一起过日子,一起奔小康",无一不是原山人的精神财富和内心的力量源泉(摘自《中国绿色时报》

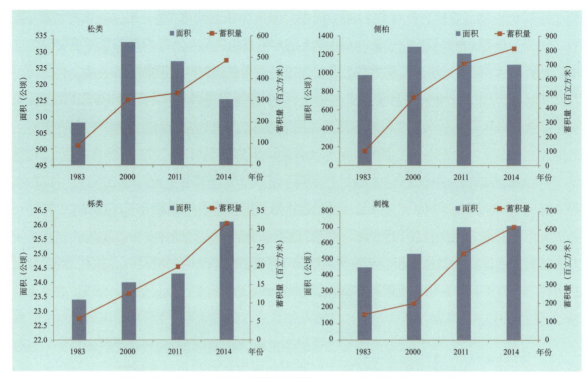

图 2-9　原山林场主要优势树种（组）森林资源动态变化

2015年4月24日）。原山林场始终坚持艰苦奋斗创业精神，把石灰岩山地从森林覆盖率不足2%发展为森林覆盖率94.4%的绿水青山，活力木蓄积量达到19.7万立方米，实现了从荒山秃岭、穷山恶水到绿水青山、金山银山的美丽嬗变，取得了"山绿、场活、业兴、人富、林强"的显著成就。原山林场还通过租赁、合作利用周边的荒山、坡地实施造林。原山林场在孙建博同志提出的"一家人一起吃苦，一起干活，一起过日子，一起奔小康，一起为国家做贡献"的理念和"一场两制"的改革思路的引领下，率先走出了一条保护和培育森林资源、实施林业产业化发展的新路，取得了生态建设和林业产业的双赢，为全国国有林场改革树立了榜样，对进一步落实党中央关于全国深化林业改革、创新林业治理体系、提升森林质量、增强森林生态功能，建设生态文明和美丽中国有着重要的推动作用。

原山林场在1957年积极响应党和国家伟大号召，开始了植树造林、绿化荒山的生态修复工程。林场大部分是石灰岩山地，土层薄、石头多，土质薄的地方栽种柏树，土质厚的栽种槐树，这就是原山林场刺槐林和侧柏林面积最大的原因之一。植物能够存活，水分是非常重要的资源，在原山地区更为如此，为了使林场尽快绿起来，原山林场发明了"三不栽"，即：不下雨不载、不下透地不栽和不连阴天不栽，在原山林场冒雨植树极为常见，尤其是在1963年，三年自然灾害期间更是如此。另外，1964年，原山林场制定了林场劳动管理试行条例，实行"四定四包一奖"的办法（四定：定地片、定人员、定投资、定工程质量；四包：包任务、包收入、包工具修理、包公费用；一奖即完成四定四包后奖励），在本管理条例颁布后，全场植树造林402公顷，成活率在95%以上，是建场以来造林面积最大、成活率最高的一年。林场自建场至 1966 年，累计造林 2077 公顷。70 年代，原山林场还根据自身情况，制定了一些自主政策，比如探索推行承包责任制、有计划的退耕还林等。由于林场实施诸多创新，使得其森林资源在建场初期迅速增长。特别是在改革开放之后，原山林场积极探索市场化道路，实行了"以副养林"的模式，分流部分职工另起炉灶，发展副业增加收入，再将受益投入到林业，形成了良性循环。

为解决造林成活率低的问题，在 1996 年年底，由孙建博同志为首的新领导班子上任后，创新造林机制，场机关实行"三三一"工作制，即三天办公、三天从事造林绿化、一天休息。同时还实行了承包制新办法，即工作中把需要造林的地片分块编号，每人承担一块，一包三年，每年拿出应发工资的 20% 当作押金，秋后验收成活率达到 85% 以上的才补发兑现年底奖金。造林机制活了，调动了职工积极性，职工责任明确，工作主动性显著提高。同时，在原山这样不适宜种树的自然条件下，其造林成活率从不到 30% 提升到了 90%，这就是 2000 年森林面积增长幅度最大（25.56%）的原因所在。原山林场经营面积由 1996 年的 40588 亩增加到 2014 年的 44025.9 亩，净增 3437.9 亩。活力木蓄积量由 80683 立方米增长到了 197443 立方米，净增 116760 立方米，森林覆盖率由 82.39% 增加到 94.4%。原山林场通过租赁、合作利用周边荒山、坡地实施造林 2 万亩，短短 20 年间相当于再造了一个新原山。更重要的是"三三一"工作制已经成为原山林场的一种企业文化，潜移默化地影响着一线林业工人和社会公众。

进入 21 世纪以来，随着林业政策的不断调整，传统林业收入持续下降，而造林成本不断上升，全国的国有林场面临着巨大的转型压力，原山林场凭借着艰苦创业的精神，通过林副业及其他行业收入反哺林业，取得了巨大的成功，成为了全国林业系统的一面旗帜。2005 年，时任国务院总理温家宝在得知原山林场的改革事迹后，批示国家林业局调查研究，供其他国有林场改革所借鉴。

其次是森林资源保护。原山林场森林资源得以快速的发展，除了克服种种困难，大力造林之外，对森林资源的保护也起到了非常重要的作用。由于原山地区土层薄，土壤贫瘠，树木生长往往比较慢，这就对林场的森林保护工作提出了很高的要求，护林工人除了正常的巡山外，还要负责为树木祛病增肥。1996 年年底，新一届领导班子上任后，坚持把森林资源保护管理作为林业工作的重中之重，下大力气认真抓好各项工作。一是按照"预防为主、积极消灭"的工作方针，采取切实有效的措施，抓好森林防火工作；二是加强森林有害生物的测报和防治工作，实现了森林有病有虫不成灾的目标，维护了生态平衡；三是加大中幼龄林抚育和疏林地补植改造力度，促进了森林健康增长。仅 2010 年，全场共完成补植改造 6.7 公顷，幼林抚育 53 公顷，成林修枝 40 公顷。通过补植改造、中幼龄林抚育等措施，进一步提高了森林质量，促进了森林健康。

孙建博同志曾说道："保护好原山这片森林，这就是立场之本。原山林场始终坚持生态优先，以林为本，用行动践行了'绿水青山就是金山银山'的伟大论述"。同时，原山林场林业产业的发展也为森林资源保护提供了支持，因为林业产业可以为森林保护提供源源不断的资金支持，用于防火设施的建设。保护森林，防火至关重要，原山林场每年对公益林投入超过千万元，他们把"大区域防火"和"防火就是防人"的理念用活，将林场周边67个自然村纳入到防火管理体系，出钱培训，把村民都武装成"护林员""防火员"。在原山林场党委书记孙建博看来：保护生态与保民生是不可分割的，只有林场人的同步小康，才能实现森林生态的有效保护。于是，原山林场在全省第一家停止商业性采伐，有力地保护了森林资源，也为后期的生态旅游发展提供了物质基础。

1963年，正值三年自然灾害时期，原山地区旱情十分严重，林场建立后栽下的第一批树苗岌岌可危，林场职工便自发地组织起了运水队，从山下往山上传水浇灌树苗，终于保住了树苗，为原山林场森林资源的增长奠定了坚实的基础。由于林区面积较大，且距离村庄较远，林场职工为了增加森林防护的时间，在野外搭建了护林石屋，供职工休息落脚以及存放工具等。就像孙建博同志在第十三届学习培训班上的动员报告中讲到：生态林是原山事业发展的根，也是原山职工赖以生存的本，保护好这片森林的责任和意义重大，生态林是原山发展的基础与平台。没有这片生态林，原山不可能有机会借助这片林子大力发展各种林业产业，无论发展到何种程度，我们都要坚定不移的把它保护好、利用好、发展好。

在病虫害防治方面，1974年，林场开始在林区内设置黑光灯诱杀松蛾，进行松毛虫综合防治工作，黑光灯控制面积达到了200公顷，大大降低了松毛虫对森林资源的破坏。同时，这也是山东省第一块黑光灯诱杀松蛾基地，也是利用物理方法防治松毛虫最大面积的实验研究基地。在某些特定的时期，对于森林资源的保护往往不是病虫害防治、森林防火等，有时也会受到政策的影响。党的十一届三中全会后，国家对国有林场提出了事业单位改为企业化管理的要求，原山林场于1985年被山东省列为首批事业单位企业化管理试点单位名单，原山林场开始进入以市场经济为主导的社会发展中心，如何更好地在保护好森林资源的基础上，发展市场经济，成为了亟需解决的问题。最终，原山林场走出了一条在保护好生态林的基础上，进行市场经济下国有林场发展之路。改革首先要在全面保护好生态林的基础上进行改革，实现挣钱养人养林的目的，使得原山林场森林资源得以保护。2008年，原山集团为了提高林场森林病虫害防治水平，特邀请山东省野生动植物保护站高级工程师李东军同志在原山林场举办了病虫害防治培训班，现场为全场职工做了防治美国白蛾的专题讲座。林场于2009年还在林场设置了频振式杀虫灯，成功地诱杀了美国白蛾越冬代成虫，并进行了成虫期虫情测报。随着科技的不断进步，森林病虫害防治手段也有了长足的发展。2013年，原山林场首次使用直升飞机防治林业有害生物，有效地防治了松阿扁叶蜂，保护原山林场的松类森林资源。

在森林防火方面，火灾是森林经常遭受的各种自然灾害中，对森林危害最为严重的一种，被联合国粮农组织列为世界八大自然灾害之一。引起林火发生的火源种类通常分为自然火源和人为火源。其中，人为火源则是引发森林火灾的主要火源。1996年以前，林场火灾大多是由于扫墓引起的，林场投入了大量的人力、物力防控由此而带来的火灾隐患。为彻底解决这一难题，1996年，原山林场经民政部门批准新建"长青林"公墓，将山中所有坟地迁入公墓统一管理。由于中国人的传统，本项工作困难重重，在以孙建博同志为首的林场领导干部，使出浑身解数，才使得工作顺利进行，这一举措一方面消除了火灾隐患，也为后续开展生态旅游奠定了基础。林场于1997年成立了山东省内第一支专业防火队，配备了优良的防火装备，同时所有队员都通过打烧防火隔离带进行演练，提高了防火人员的扑火能力。2003年，山东省森林防火物资储备库在原山林场建立并投入使用，为原山林场森林资源保护奠定坚实的物质基础，并提升了林场的防火水平，并受到了多级领导的重视，例如：在2008年淄博市举办的森林防火扑火演练现场会上，原山林场专业扑火队参加了演练并受到了与会领导的肯定；2009年时任国家副总理回良玉通过现场考察，也对原山林场森林防火能力作出了高度认可。另外，林场的领导也会不定期地突击检查各防火责任单位，保证防火岗位的正常运转。森林防火的另一方面就是提高人们的森林防火意识，2011年，原山林场举办了"争当一次森林防火宣传员"大型公益性活动，在一定程度上也降低了森林火灾发生的可能性。

原山林场一直把森林防火作为重中之重的任务来抓，通过利用最新科技提升林场的防火水平和通过各种形式提高林场防火队伍的实战能力。在利用最新科技提升林场的防火水平方面，2002年，原山林场在全省率先建立了森林防火微波监控中心，初步实现了凤凰山、岭西、樵岭前和石炭坞四个林区的视频监控。2010年又进行了改造升级，增加了北峪和岭西两处监控点，五个林区全民实现外围火情的人工和视频监控双保险。在提高林场防火队伍的实战能力方面，2013年，原山林场专业防火队参加了全市森林防火演练，提高了防火队员的业务技能。另外，原山林场还通过其他方式，用来降低森林火灾的发生几率，如：2014年1月，原山国家森林公园对部分景点、道路两侧进行洒水增湿，以降低冬季防火隐患。同时，为了降低周围森林火灾的发生对林场内森林资源造成影响，2014年年底，原山林场对上争取了100万元的防火物资，为周边村镇配备完善防火物资，全力构建了区域型森林防火屏障，确保了鲁中地区森林资源安全。原山林场发明的二轮森林防火摩托车通过国家知识产权局审查，获得实用新型专利证书，并在森林防火工作中得到了推广和应用。在原山林场，由于防火道路较窄、陡峭，一旦发生森林火情，传统的防火车辆往往不能直接到达一线火场，林场工作人员在实际工作中，结合林区地理环境和灭火需要，反复试验、改良，发明了二轮森林防火专用摩托车，提高了防火队伍的机动性。

综上所述，原山林场经过几代林业人发扬"先治坡后治窝，先生产后生活"的奉献精神，使座座荒山披上了绿装。特别是在1996年年底新一届领导班子上任后，林场艰苦奋斗，锐意改革，倡导"特别能吃苦、特别能战斗、特别能忍耐、特别能奉献"和"一家人、一起吃苦、一起干活、一起过日子、一起奔小康"的原山精神，通过发展林业产业，走出了一条"以林养林、以副养林"的保护和培育森林资源的特色之路，取得了生态建设的伟大成就，实现了从荒山秃岭、穷山恶水到绿水青山、金山银山的美丽嬗变，创造了非同寻常的成就和弥足珍贵的经验。

二、不同营林区森林资源概况

(一) 凤凰山营林区

凤凰山营林区位于博山城近郊的凤凰山，营林区驻地位于凤凰山东麓卧龙坡。林区由凤凰山和两平两个自然片组成。营林区共区划为2个林班41小班，林业用地面积为242.48公顷，全部为生态防护林用地，主要树种为侧柏和刺槐。岩石全部是奥陶系石灰岩，土壤全部是褐土。营林区主要作业项目有营林生产、护林防火、病虫害防治，同时是原山国家森林公园的主要景区，肩负着公园的管理任务。

1. 森林资源现状

凤凰山营林区森林面积为197.04公顷，蓄积量为16437.30立方米，不同优势树种（组）如表2-1所示，侧柏林的面积和蓄积量最大，分别占林区总量的68.35%和60.69%。

不同林龄组森林资源情况如图2-10所示：幼龄林、中龄林、近熟林和成熟林面积分别占林区总面积的34.07%、47.79%、14.29%和3.85%，蓄积量所占比重分别为28.68%、43.27%、22.54%和5.51%。

表2-1 凤凰山营林区不同优势树种（组）森林资源情况

指标	侧柏	刺槐	针阔混交林	阔叶混交林
面积（公顷）	134.67	43.99	5.29	13.09
蓄积量（立方米）	9974.93	5664.2	507.23	290.95

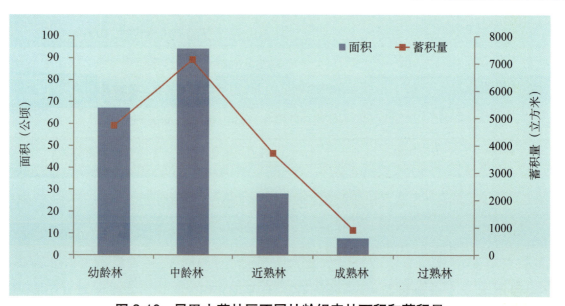

图2-10 凤凰山营林区不同林龄组森林面积和蓄积量

2. 森林资源动态变化

凤凰山营林区森林资源动态变化如图 2-11 所示：与 1983 年森林面积相比，2000 年、2011 年和 2014 年林区面积增长幅度分别为 7.75%、49.93% 和 40.14%，其蓄积量增长幅度分别为 196.26%、459.71% 和 491.48%。

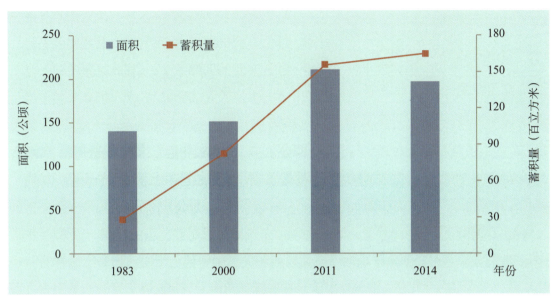

图 2-11　凤凰山营林区森林资源动态变化

（二）石炭坞营林区

石炭坞营林区位于八陡镇境内，营林区驻地位于石炭坞南山庙子岭。石炭坞营林区由一个自然片组成，是原山林场经营面积最大、经营区域最集中的林区。林业用地面积 668.72 公顷。林区共区划为 6 个林班 75 个小班，岩石全部为奥陶系石灰岩，漏水严重，无常年流淌的河流，土壤全部为褐土。林区主要树种是侧柏和刺槐，主要作业项目是营林生产、护林防火、病虫害防治和承揽绿化工程，同时，建设有原山艰苦创业纪念馆。

1. 森林资源现状

石炭坞营林区森林面积为 590.64 公顷，蓄积量为 46213.01 立方米，不同优势树种（组）刺槐林的面积和蓄积量最大，分别占林区总量的 50.94% 和 56.25%（表 2-2）。

表 2-2　石炭坞营林区不同优势树种（组）森林资源情况

指标	侧柏	刺槐	针阔混交林
面积（公顷）	287.56	300.86	2.22
蓄积量（立方米）	20075.26	25994.43	143.32

不同林龄组森林资源情况如图 2-12 所示：幼龄林、中龄林、近熟林、成熟林和过熟林面积分别占林区总面积的 59.65%、16.36%、12.37%、10.80% 和 0.82%，蓄积量所占比重分别为 54.86%、15.47%、14.87%、14.17% 和 0.63%。

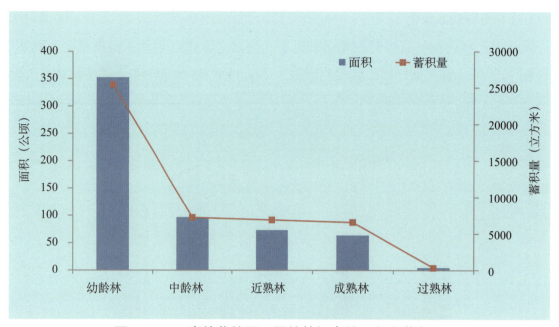

图 2-12　石炭坞营林区不同林龄组森林面积和蓄积量

2. 森林资源动态变化

石炭坞营林区森林资源动态变化如图 2-13 所示：与 1983 年森林面积相比，2000 年、2011 年和 2014 年林区面积增长幅度分别为 35.73%、39.05% 和 52.15%，其蓄积量增长幅度分别为 205.71%、486.96% 和 717.50%。

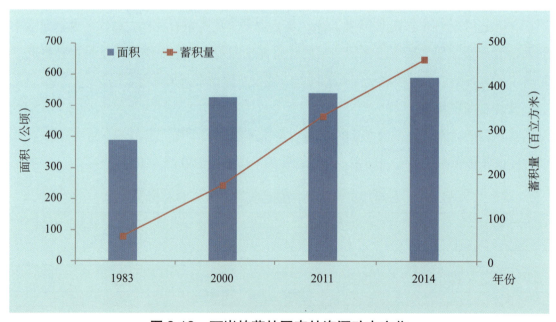

图 2-13　石炭坞营林区森林资源动态变化

(三）岭西营林区

岭西营林区位于博山区西北部，营林区驻地位于域城镇岭西村。营林区共区划为10个林班68个小班，总面积为619.9公顷，全部为林业用地，其森林资源分布特点是南部棕壤区植物种类繁多；北部褐土区立地条件差，植物种类较少，主要树种有侧柏、刺槐和松类。岭西营林区是原山林场岩石种类最多的林区，有前震旦系花岗岩和片麻岩、寒武系页岩、奥陶系石灰岩，土壤既有棕壤也有褐土。其主要作业项目有营林生产、护林防火、病虫害防治、苗木经营和承揽绿化工程等。

1. 森林资源现状

岭西营林区森林面积为521.01公顷，蓄积量为47267.10立方米，不同优势树种（组）侧柏林、刺槐林的面积和蓄积量最大，分别占林区总量的76.88%和72.02%（表2-3）。

不同林龄组森林资源情况如图2-14所示：幼龄林、中龄林、近熟林、成熟林和过熟林面积分别占林区总面积的35.40%、49.65%、4.24%、6.03%和4.68%，蓄积量所占比重分别为28.10%、55.02%、4.96%、6.50%和5.42%。

表2-3 岭西营林区不同优势树种（组）森林资源情况

指标	侧柏	松类	刺槐	针阔混交林
面积（公顷）	197.22	102.72	203.37	17.70
蓄积量（立方米）	16993.51	11333.65	17046.80	1893.10

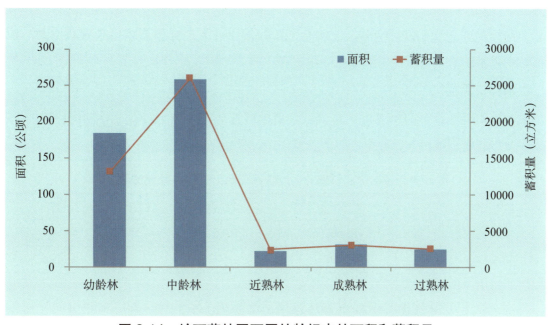

图2-14 岭西营林区不同林龄组森林面积和蓄积量

2. 森林资源动态变化

岭西营林区森林资源动态变化如图 2-15 所示：与 1983 年森林面积相比，2000 年、2011 年和 2014 年林区面积增长幅度分别为 21.54%、45.08% 和 43.73%，其蓄积量增长幅度分别为 238.47%、473.65% 和 816.03%。

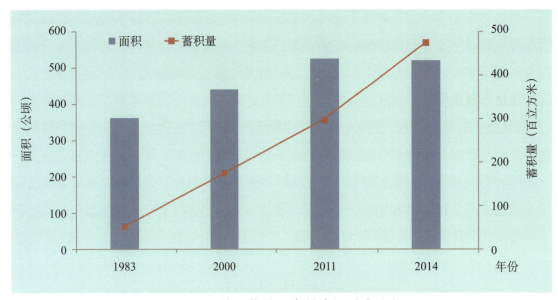

图 2-15　岭西营林区森林资源动态变化

（四）樵岭前营林区

樵岭前营林区位于博山区西部，营林区驻地位于樵岭前王母池南侧，由望鲁山—石窝顶和杏树峪大顶—柳子两大自然片组成。营林区共区划为 5 个林班 47 个小班，林业用地面积为 621.29 公顷，主要树种有松类、刺槐和栎类，是原山林场树木种类最多的林区。岩石全部为前震旦系花岗岩和片麻岩，土壤全部为棕壤。林区主要作业项目是营林生产、护林防火、病虫害防治、苗木经营和承揽绿化工程。

1. 森林资源现状

樵岭前营林区森林面积为 586.21 公顷，蓄积量为 52369.56 立方米，不同优势树种（组）松类的面积和蓄积量最大，分别占林区总量的 70.39% 和 71.13%（表 2-4）。

表 2-4　樵岭前营林区不同优势树种（组）森林资源情况

指标	松类	栎类	刺槐
面积（公顷）	412.66	26.11	147.44
蓄积量（立方米）	37251.96	3158.14	11959.5

不同林龄组森林资源情况如图 2-16 所示：幼龄林、中龄林、近熟林和过熟林面积分别占林区总面积的 24.08%、71.87%、0.23% 和 3.83%，蓄积量所占比重分别为 20.62%、76.10%、0.21% 和 3.07%。

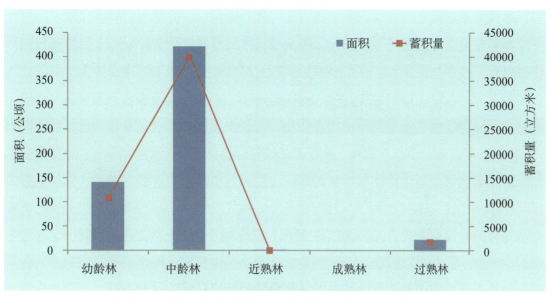

图 2-16　樵岭前营林区不同林龄组森林面积和蓄积量

2. 森林资源动态变化

樵岭前营林区森林资源动态变化如图 2-17 所示：与 1983 年森林面积相比，2000 年、2011 年和 2014 年林区面积增长幅度分别为 4.97%、4.01% 和 1.88%，其蓄积量增长幅度分别为 114.99%、180.61% 和 270.76%。

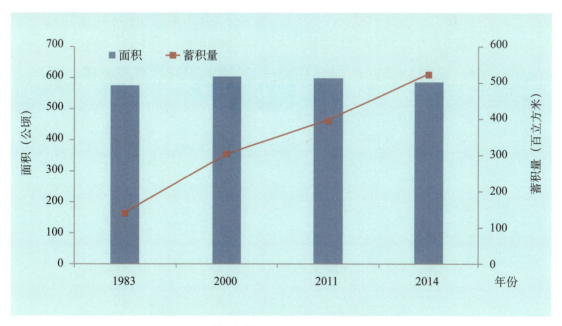

图 2-17　樵岭前营林区森林资源动态变化

（五）北峪营林区

北峪营林区位于博山区西北部，驻地位于白石洞峪口，总面积为 668.27 公顷，全部为林业用地，共区划为 7 个林班 101 个小班，主要树种以侧柏为主。岩石全部为奥陶系石灰岩，土壤全部是褐土。其主要作业项目是营林生产、护林防火、病虫害防治和承揽绿化工程。

1. 森林资源现状

北峪营林区森林面积为 456.58 公顷，蓄积量为 34214.14 立方米，不同优势树种（组）侧柏林的面积和蓄积量最大，分别占林区总量的 99.75% 和 99.97%（表 2-5）。

表 2-5 北峪营林区不同优势树种（组）森林资源情况

指标	侧柏	刺槐
面积（公顷）	455.42	1.16
蓄积量（立方米）	34202.76	11.38

不同林龄组森林资源情况如图 2-18 所示：幼龄林、中龄林和成熟林面积分别占林区总面积的 86.54%、12.15% 和 1.31%，蓄积量所占比重分别为 84.14%、14.68% 和 1.18%。

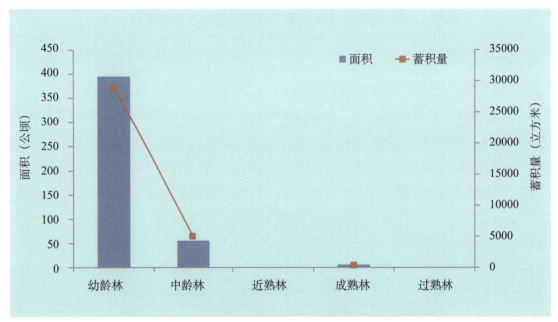

图 2-18 北峪营林区不同林龄组森林面积和蓄积量

2. 森林资源动态变化

北峪营林区森林资源动态变化如图 2-19 所示：与 1983 年森林面积相比，2000 年、2011 年和 2014 年林区面积增长幅度分别为 30.87%、16.28% 和 -7.44%，其蓄积量增长幅度分别为 309.43%、463.26% 和 451.49%。

第二章 山东省淄博市原山林场概况

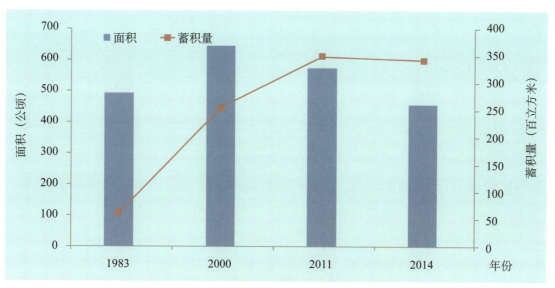

图 2-19 北峪营林区森林资源动态变化

(六) 良庄营林区

良庄营林区位于博山城近郊的城东街道办事处境内，驻地位于良庄社区北。林业用地面积为 114.39 公顷，共区划为 2 个林班 13 个小班，主要以发展经济林为主。岩石全部为奥陶系石灰岩，土壤全部是褐土。其主要作业项目是营林生产、护林防火、苗木栽培繁育和苗木经营等。

1. 森林资源现状

良庄营林区森林面积为 29.40 公顷，蓄积量为 941.61 立方米，不同优势树种（组）侧柏林和刺槐林面积基本相同，但是侧柏林没有统计蓄积量（表 2-6）。且良庄营林区仅有中龄林。

表 2-6　良庄营林区不同优势树种（组）森林资源情况

指标	刺槐	侧柏
面积（公顷）	14.53	14.87
蓄积量（立方米）	941.61	

2. 森林资源动态变化

良庄营林区森林资源动态变化如图 2-20 所示：与 2000 年森林面积相比，2011 年和 2014 年林区面积增长幅度为 89.53% 和 241.86%。

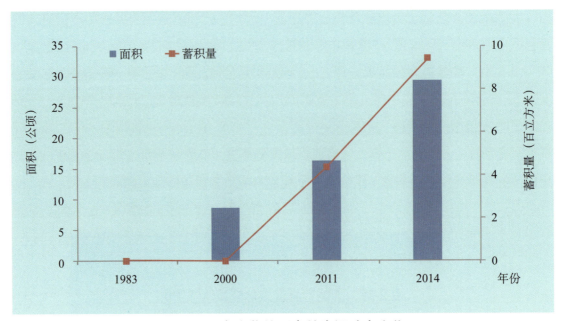

图 2-20 良庄营林区森林资源动态变化

第三章
山东省淄博市原山林场森林生态系统服务功能物质量

依据中华人民共和国林业行业标准《森林生态系统服务功能评估规范》(LY/T 1721—2008)，本章将对原山林场森林生态系统服务功能的物质量开展评估，进而研究原山林场森林生态系统服务的特征。

> 物质量评估主要是对生态系统提供服务的物质数量进行评估，即根据不同区域、不同生态系统的结构、功能和过程，从生态系统服务功能机制出发，利用适宜的定量方法确定生态系统服务功能的质量和数量。
>
> 物质量评估的特点是评价结果比较直观，能够比较客观地反映生态系统的生态过程，进而反映生态系统的可持续性。但是，由于运用物质量评价方法得出的各单项生态系统服务的量纲不同，因而无法进行加总，不能够评价某一生态系统的综合生态系统服务。

第一节 森林生态系统服务功能总物质量

根据《森林生态系统服务功能评估规范》(LY/T 1721—2008)的评价方法，得出原山林场森林生态系统涵养水源、保育土壤、固碳释氧、林木积累营养物质、净化大气环境等5个方面的森林生态系统服务功能物质量（表3-1）。

淄博市位于山东中部，是一座具有百年工业历史的工业城市，也是全国110座严重缺水城市之一，人均水资源可利用量仅为232立方米，不足全国人均水资源量的1/9（贾希征等，2018）。长期以来，水资源短缺问题成为困扰淄博市经济社会发展的重要制约因素。如何破解水资源瓶颈制约，实现水资源的可持续利用，成为淄博市各级政府和水利部门的一项迫切任务

表 3-1 原山林场森林生态系统服务功能物质量评估结果

类别	指标	物质量
涵养水源	调节水量（万吨/年）	476.48
保育土壤	固土量（万吨/年）	3.43
	氮（吨/年）	40.59
	磷（吨/年）	15.26
	钾（吨/年）	286.16
	有机质（吨/年）	1392.29
固碳释氧	固碳量（吨/年）	2828.63
	释氧量（吨/年）	6539.28
积累营养物质	氮（吨/年）	89.96
	磷（吨/年）	5.40
	钾（吨/年）	19.56
净化大气环境	提供负离子（$\times 10^{22}$个/年）	1.96
	吸收二氧化硫（万千克/年）	41.13
	吸收氟化物（万千克/年）	0.74
	吸收氮氧化物（万千克/年）	1.57
	吸滞TSP（万千克/年）	6054.45
	吸滞PM_{10}（万千克/年）	4.19
	吸滞$PM_{2.5}$（万千克/年）	1.00

（王智霖，2013）。王盼秋等（2016）指出随着经济的发展，一系列的水资源问题日渐突出，为维持经济的持续发展和水资源可持续利用，必须建立淄博市特有的水资源保护和利用措施，增强水资源的支撑能力，实现水资源的高效、可持续利用。据2018年淄博市国民经济和社会发展统计公报的相关统计数据，淄博市多年平均水资源总量为14.10亿立方米，大型水库总蓄水量为1.70亿立方米。经评估得出：原山林场森林生态系统年调节水量为476.48万吨/年，约占淄博市多年平均地表水资源量的0.34%，但原山林场面积仅占全市国土面积的0.48%，林地面积占全市林地面积的2.78%。同时，原山林场森林生态系统调节水量还相当于全市水库有效库容的2.80%，表明原山林场森林生态系统起到了绿色水库的作用，一定程度上提高了区域内的水资源总量。王智霖（2013）的研究中指出，要通过水生态修复提升水资源量和利用率，改善区域内水资源环境。其中，山丘水蚀区要以封山育林、生态恢复为主要措施，充分利用大自然的自我修复能力，工程措施和植物措施相结合，大力开展小流域综合治理工作。小流域综合治理以改造坡耕地和配套径流调控体系为重点，先上游，后下游；先支毛沟，后主干沟；先坡面，后沟道，沟坡兼治；因地制宜配置各项治理措施。

淄博市属鲁中南中低山丘陵极强度侵蚀区，是山东省水土流失严重的地区之一，水土流失面积占国土总面积的比例为 45.2%，列山东省第 2 位。全市水土流失面积 2209.65 平方千米，占土地总面积的 37.14%。其中，水力侵蚀 2153.82 平方千米，占水土流失面积的 97%，占土地总面积的 36.20%，主要分布在沂源、淄川、博山、临淄、张店、周村山丘区，严重影响本地区及边缘地区人民群众的生产生活安全。根据陈向喜等（2009）、杨艳和卢明峰（2012）中的相关数据计算得出，淄博市土壤水蚀量介于 350 万～900 万吨 / 年之间。水蚀主要由于全市降水较少且年内分布不均，降雨强度与水土流失危害成正比，在发生强降雨和持续降雨的情况下，南部山区径流极易形成洪水，使切沟、冲沟发育强烈，造成较大的水土流失危害和财产损失，随着水土流失的不断发生，地力也在逐渐的衰退。张盼等（2016）以北峪小流域为例，开展了生态治理的研究，并指出要加大小流域的林草覆盖率，在荒山荒坡上营造水保林，减少水土流失，建立完整的坡面水土保持防护体系，防治水土流失，进而实现生态效益、经济效益、社会效益最大化。经评估得出：原山林场森林生态系统固土量为 3.43 万吨 / 年，保肥量（氮、磷、钾和有机质）达到了 1734.29 吨 / 年，其固土量占全市土壤水力侵蚀量的 0.38%～0.98% 之间。由此可以看出，原山林场森林生态系统保育土壤功能对于维护区域国土安全意义重大，对维持区域生态、经济和社会的可持续发展起到了不可忽视的作用。杨艳和卢明峰（2012）研究得出，淄博市采取封山育林等措施后，封禁区林草植被覆盖率大大增加，土壤侵蚀模数下降，入河入库泥沙减少，水质改善，植物群落和生物多样性呈良性发展。杨勇峰（2007）对淄博市水土保持生态修复过程中植物群落、林草生长量、土壤物理性质、蓄水保水效益等方面进行监测研究，结果表明，生态修复区植被的蓄水保水效益明显增加，大大提升了土壤的抗蚀性，改善了土壤物理性质，提高了土壤含量水和养分元素含量。

建设节约型社会，实现可持续发展，是党中央针对中国国情提出的重大决策。习近平总书记在党的十九大报告中指出：推进能源生产和消费革命，构建清洁低碳、安全高效的能源体系。推进资源全面节约和循环利用，实施国家节水行动，降低能耗、物耗，实现生产系统和生活系统循环链接。山东省二氧化碳净排放呈逐年增加态势，但其净排放空间差异较大，高净排放区主要位于济南、淄博、青岛市（张超，2012）。淄博市位于山东省中部，是重要的工业城市，其工业以石油化工、医药、建材、纺织、陶瓷、机械冶金等为主导，众多工业使得电力需求不断增加、能源的消耗日益严重，并且环境质量降低，空气污染严重。近年来，淄博市经济总量持续增长，城镇化步伐不断加快，产业结构也呈现逐渐演进的态势，这些变化都伴随着能源消耗增加的可能，以工业作为主导的淄博市将面临着节能减排的严峻压力（陈鑫和李健斌，2009）。冯媛媛（2011）在山东省各地级市工业节能减排的潜力研究中，把淄博列为节能减排重点改进对象。由此可以看出，淄博市所面临的工业减排任务十分艰巨。此时，通过森林生态系统的固碳功能，提升区域内碳吸收能力，能够在一定程度上减轻工业减排所面临的压力。据淄博市统计年鉴（2018）中的相关统计数据，2017年淄博市能消耗（标准煤）为3516.97万吨，利用碳排放转换系数（国家发展与改革委员会能源研究所，2003）换算可知淄博市2017年碳排放量为2629.30万吨。经评估得出，原山林场森林生态系统固碳量为2828.63吨/年，相当于抵消了2017年全市碳排放量的0.01%，这是仅用了占全市林地面积2.78%的林地上的森林生态系统来实现的。与工业减排相比，森林固碳投资少、代价低，更具经济可行性和现实操作性。因此，通过森林吸收、固定二氧化碳是实现减排目标的有效途径。张超（2012）以植被碳储量为标准计算的净初级生产力与二氧化碳转换系数的乘积来测算二氧化碳的吸收量，结果表明，淄博地区的吸收量位于全省各地级市末尾，所以，淄博市在提高森林生态系统固碳能力上任总而道远，尤以原山林场最为重要。

习近平总书记在党的十九大报告中指出：坚持全民共治、源头防治，持续实施大气污染防治行动，打赢蓝天保卫战。目前我国北方城市大气污染整体高于南方，且近五年重霾污染过程频发，污染较重。山东省作为我国的人口大省、能源消费大省，大气污染物总排放量和各大气污染物浓度均处于国内较高水平。淄博市作为山东省重要的建材、陶瓷、石油化工中心，其污染物排放量在山东省处于较高水平，且近几年SO_2、NO_x、$PM_{2.5}$、VOCs污染较为严重（王琳瑞，2017）。目前，淄博市大气污染十分严重，2015年，二氧化硫排放量18万吨，排放量居全省第1位；工业烟（粉）尘排放量11万吨，排放量居全省第5位；氮氧化物排放量12万吨，排放量居全省第2位。空气质量良好天数只有143天。随着矿产资源的进一步开采，机动车数量的增加，必将导致空气污染物二氧化硫、氮氧化物的浓度上升，严重影响淄博市民正常生活（刘佳佳，2018）。针对这一现象，淄博市颁布了一系列规定，例如：《关于进一步加强建设领域扬尘污染防治工作的意见（公开征求意见稿）》中规定，建筑工地必须全面落实扬尘控制"6个100%"。经过一系列整治办法的出台，淄博市空气环境大大好转。据2018年淄博市国民经济和社会发展统计公报的相关统计数据，2018年淄博市全年全市空气质量良好天数190天，良好率54.1%，比上年提高0.2个百分点；"蓝繁"天数261天，增加9天。二氧化硫、二氧化氮、可吸入颗粒物、细颗粒物四项主要污染物分别比上年改善36.8%、8.5%、10.9%、12.7%。经评估结果显示，原山林场森林生态系统吸收二氧化硫、吸收氟化物和吸收氮氧化物量分别为41.13万千克/年、0.74万千克/年和1.57万千克/年；滞纳TSP、$PM_{2.5}$和PM_{10}的物质量分别为6054.45万千克/年、4.19万千克/年和1.00万千克/年。由此可以看出，原山林场森林生态系统在吸收污染气体和净化大气环境方面的作用重大，对于区域空气环境治理提供了有力的支撑。

第二节 不同营林区森林生态系统服务功能物质量

原山林场包括 6 个营林区,本评估利用凤凰山、石炭坞、岭西、樵岭前、北峪和良庄等共 6 个统计单元的森林资源数据,根据本报告第一章中提及的公式评估出其营林区的森林生态系统服务的物质量。原山林场各营林区的森林生态系统服务物质量见表 3-2,且各项森林生态系统服务功能物质量在各营林区间的空间分布格局如图 3-1 至图 3-18。

一、涵养水源

近年来,淄博市水行政主管部门认真贯彻落实习近平总书记"节水优先、空间均衡、系治理、两手发力"新时期治水方针,以节水型社会、节水型城市建设为引领,以实行最严格水资源管理制度为抓手,不断健全完善法规制度体系,扎实推进统筹治水、综合用水和节约用水,取得了显著成效。所以,淄博市必须将水资源的永续利用与保护作为实施可持续发展的战略重点,以促进淄博市"生态—经济—社会"的健康运行与协调发展。如何破解这一难题,应对淄博市水资源利用状况与社会、经济可持续发展之间的矛盾,只有从增加贮备和合理用水这两方面着手,建设水利设施拦截水流增加贮备的工程方法,历年已被应用,并有所成效。同时在运用生物工程的方法,特别是发挥森林植被的涵养水源功能,也应该引起人们的高度关注。

从评估结果中可以看出,原山林场森林生态系统涵养水源功能对于提高淄博市水资源总量具有重要的作用。各营林区森林生态系统涵养水源量存在一定的差异性,其中以石炭坞营林区、樵岭前营林区和岭西营林区最大,占总涵养水源量的比重均在 25% 以上,分别为 30.04%、26.80% 和 25.37%。良庄营林区涵养水源量最少,仅占 1.38%(图 3-1)。森林生态系统的调节水量功能可以起到消减洪峰的作用,可以降低地质灾害发生的可能性,在一定程度上保证社会的水资源安全。森林生态系统调节水量功能还能够延缓径流产生的时间,起到了调节水资源时间分配不均匀的作用。原山林场各营林区森林生态系统调节水量的功能大大降低了地质灾害发生的可能,保障了人们生命财产的安全。森林生态系统发挥的调节水量功能对于减缓干旱期的城镇及农业用水问题,提高农田产量有极大的促进作用。原山林场森林生态系统的涵养水源功能相当于将 1/4 的降水暂时拦蓄在了森林生态系统中,后经溪流或者地下水的方式缓慢流出。

表 3-2　原山林场各营林区森林生态系统服务功能物质量

林区	涵养水源(万吨/年)	保育土壤					固碳释氧		林木积累营养物质(吨/年)	净化大气环境						
		固土(万吨/年)	N(吨/年)	P(吨/年)	K(吨/年)	有机质(吨/年)	固碳(吨/年)	释氧(吨/年)		提供负离子量(×10²²个/年)	吸附SO_2(万千克/年)	吸附HF(万千克/年)	吸附NO_x(万千克/年)	滞纳TSP(万千克/年)	滞纳PM_{10}(万千克/年)	滞纳$PM_{2.5}$(万千克/年)
北岭营林区	45.61	0.58	2.50	3.05	21.59	258.84	369.60	808.37	12.58	26.66	9.64	0.20	0.28	1427.53	0.80	0.20
岭西营林区	120.90	0.81	11.10	3.63	72.34	322.99	684.49	1591.81	28.46	48.24	8.80	0.15	0.37	1278.65	0.88	0.21
良庄营林区	6.58	0.04	0.48	0.18	3.34	16.56	32.63	74.98	1.39	2.60	0.43	0.01	0.02	60.59	0.04	0.01
凤凰山营林区	32.57	0.26	2.60	1.29	16.56	110.97	196.08	445.71	8.48	14.70	3.31	0.06	0.12	474.99	0.30	0.07
樵岭前营林区	127.68	0.84	13.23	3.29	99.29	328.00	839.72	1993.52	33.74	47.13	9.84	0.18	0.38	1537.81	1.34	0.32
石炭坞营林区	143.14	0.90	10.68	3.82	73.04	354.93	706.11	1624.89	30.27	56.30	9.11	0.14	0.40	1274.87	0.83	0.19
合计	476.48	3.43	40.59	15.26	286.16	1392.29	2828.63	6539.28	114.92	195.63	41.13	0.74	1.57	6054.45	4.19	1.00

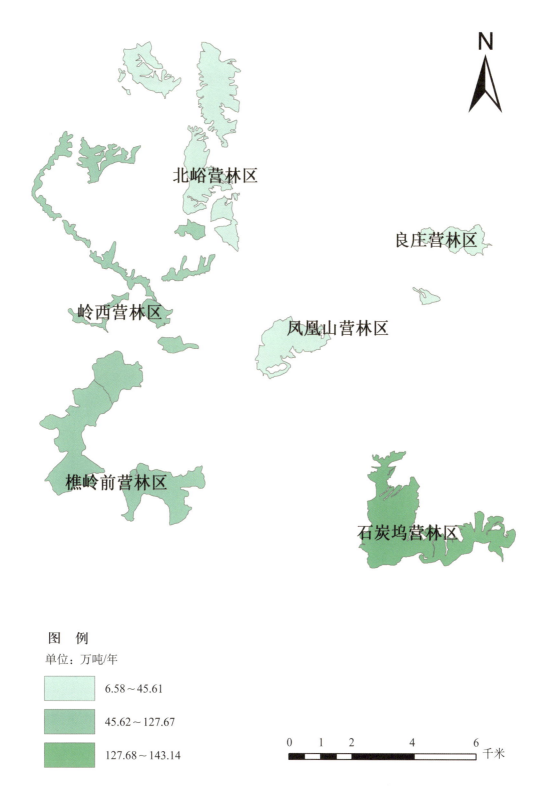

图3-1 原山林场各营林区森林生态系统调节水量空间分布

二、保育土壤

淄博市是山东省水土流失严重的地区之一，水土流失面积占国土总面积的比例为 45.2%，列山东省第 2 位，其中以水力侵蚀最为严重，占水土流失面积的 97%，占土地总面积的 36.20%，原山林场处于水力侵蚀范围内。水土流失是人类所面临的重要环境问题，已经成为经济、社会可持续发展的一个重要的制约因素。我国是世界上水土流失十分严重的国家，淄博市水土流失较为严重，其侵蚀类型以风力和水力侵蚀为主。其中，水蚀区土壤侵蚀主要分布在沂源、淄川、博山、临淄、张店、周村山丘区。严重的水土流失造成耕作土层变薄，地力减退，农田产量降低，大量泥沙淤积河道、水库，加剧了洪涝灾害和地质灾害的发生，造成了生态环境不断恶化，对人们的生产、生活、生存安全构成严重威胁。森林凭借庞大的树冠、深厚的枯枝落叶层及成网络的根系截留大气降水，减少或免遭雨滴对土壤表层的直接冲击，有效地固持土体，降低了地表径流对土壤的冲蚀，使土壤流失量大大降低。而且森林的生长发育及其代谢产物不断对土壤产生物理及化学影响，参与土体内部的能量转换与物质循环，使土壤肥力提高。

经评估得出：原山林场各营林区森林生态系统固土量最大的为石炭坞营林区、樵岭前营林区和岭西营林区，分别占总固土量的 26.38%、24.38% 和 23.59%，其次为北峪营林区，占比为 16.76%，凤凰山营林区和良庄营林区最少，二者合计所占比重为 8.89%（图 3-2）。森林生态系统保肥量最大的为樵岭前营林区、石炭坞营林区和岭西营林区，分别占总保肥量的 25.59%、25.51% 和 23.64%，其次为北峪营林区，占比为 16.49%，凤凰山营林区和良庄营林区最少，二者合计所占比重为 8.77%（图 3-3 至图 3-6）。经过原山林场几代人数十年的不懈努力，使得荒坡变青山，其水土保持功能逐渐发挥出来，大大地降低了水土流失。原山林场森林生态系统固土功能减少了由地表径流以及河流冲蚀等带入河流的泥沙，保证了河流沿岸及下游工农业用水安全。原山林场位于淄博市博山区内，属于鲁中山区，生态区位十分重要。其森林生态系统所发挥的保肥功能，对于保障湿地水质安全，以及诸多河流的生态安全和保障经济、社会可持续发展具有十分重要的现实意义。水土流失过程中携带的大量养分、重金属和化肥进入江河湖库，污染水体，使水体富营养化；越是水土流失严重的地方，往往因为土壤贫瘠，化肥、农药的使用量也越大，由此形成一种恶性循环。

图 3-2 原山林场各营林区森林生态系统固土量空间分布

图 3-3 原山林场各营林区森林生态系统固氮量空间分布

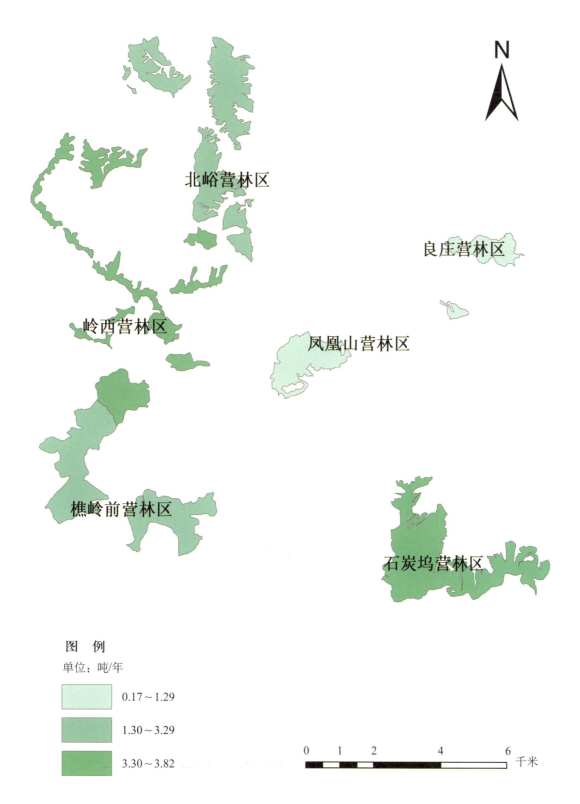

图 3-4 原山林场各营林区森林生态系统固磷量空间分布

图 3-5　原山林场各营林区森林生态系统固钾量空间分布

图 3-6 原山林场各营林区森林生态系统固有机质量空间分布

三、固碳释氧

森林是陆地生态系统最大的碳储库，在全球碳循环过程中起着重要作用。就森林对储存碳的贡献而言，森林面积占全球陆地面积的27.6%，森林植被的碳贮量约占全球植被的77%，森林土壤的碳贮量约占全球土壤的39%。森林固碳机制是通过森林自身的光合作用过程吸收二氧化碳，并蓄积在树干、根部及枝叶等部分，从而抑制大气中二氧化碳浓度的上升，有效地起到了绿色减排的作用。森林生态系统具有较高的碳储存密度，即与其他土地利用方式相比，其单位面积内可以储存更多的有机碳。因此，提高森林碳汇功能是降低碳总量非常有效的途径。

经评估得出，原山林场各营林区森林生态系统固碳量最大的为樵岭前营林区、石炭坞营林区和岭西营林区，分别占总固碳量的29.68%、24.96%和24.20%，其次为北峪营林区，其占比为13.07%，凤凰山营林区和良庄营林区固碳量最少，合计所占比重为8.09%。释氧量最大的为樵岭前营林区、石炭坞营林区和岭西营林区，分别占总释氧量的30.49%、24.85%和24.34%，其次为北峪营林区，其占比为12.36%，凤凰山营林区和良庄营林区释氧量最少，合计所占比重为7.96%（图3-7、图3-8）。原山林场森林生态系统固碳功能一定程度上解决了本区域内自然资源、生态环境与可持续发展之间的矛盾，对区域碳减排及低碳经济研究具有一定的现实意义。根据前文依据标准煤消耗量换算出的淄博市2017年工业二氧化碳排放量为2629.30万吨，那么原山林场森林生态系统固碳量相当于抵消了2017年全市碳排放量的0.01%，这是仅用了占全市林地面积2.78%的林地上的森林生态系统来实现的。由此可见，原山林场森林生态系统吸收工业碳排放能够很好地实现绿色减排目标，今后仍需继续加强森林资源保护，为地区节能减排，营造美丽生活环境发挥积极作用。

有研究表明，过度集约经营可能会导致森林固碳作用的减弱。所以，本区域内应该改变现有的人工林经营管理措施，基于近自然经营管理的思路，重新制定森林经营管理模式，逐步提高其固碳能力。与铁、铝等材料的生产加工相比，木材的加工只需很少的能源，利用木材可间接减少碳的排放。因此，用木材代替其他材料，可以节省能源及减少二氧化碳的排放量。所以，原山林场森林生态系统除了自身的固碳作用抵消工业碳排放外，还可以通过其生物量积累，缩短木材采伐期，进而减少铁、铝等材料的利用量，起到降低工业碳排放的作用。

图 3-7 原山林场各营林区森林生态系统固碳量空间分布

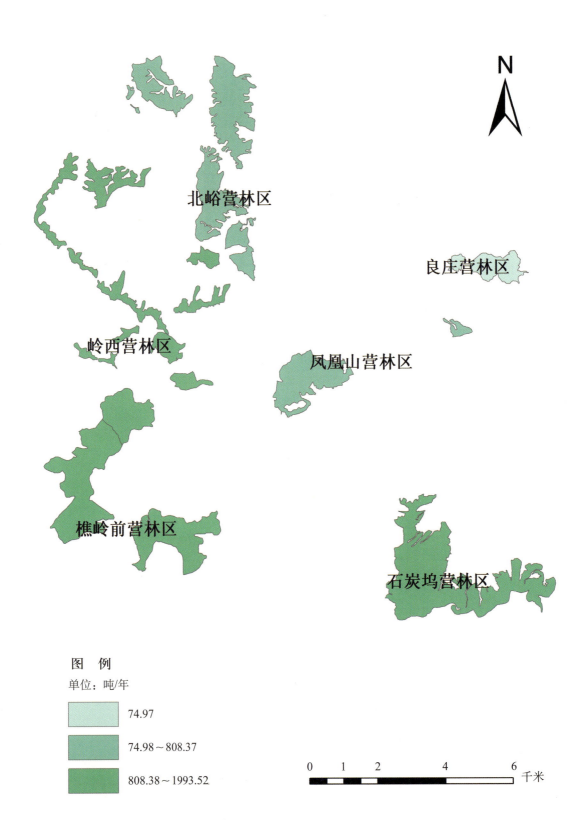

图 3-8 原山林场各营林区森林生态系统释氧量空间分布

四、林木积累营养物质

林木在生长过程中不断从周围环境中吸收营养物质，固定在植物体中，成为全球生物化学循环不可缺少的环节。林木积累营养物质服务功能，首先是维持自身生态系统的养分平衡，其次才是为人类提供生态系统服务。林木积累营养物质功能与固土保肥功能，无论从机理、空间部位，还是计算方法上都有本质区别，前者属于生物地球化学循环的范畴，而保肥功能是从水土保持的角度考虑，即如果没有这片森林，每年水土流失中也将包含一定的营养物质，属于物理过程。从林木积累营养物质的过程可以看出，原山林场区森林生态系统可以一定程度上减少因为水土流失而带来的养分损失，在其生命周期内，使得固定在体内的养分元素在此进入生物地球化学循环，极大地降低了给水库和湿地水体带来富营养化的可能性。

经评估得出：原山林场各营林区森林生态系统林木积累营养物质量最大的为樵岭前营林区、石炭坞营林区和岭西营林区，分别占总林木积累营养物质量的29.34%、26.34%和24.77%，其次为北峪营林区，其占比为10.95%，凤凰山营林区和良庄营林区林木积累营养物质量最少，合计所占比重为8.60%（图3-9至图3-11）。

五、净化大气环境

森林在大气生态平衡中起着"除污吐新"的作用，植物通过叶片拦截、富集和吸收污染物质，提供负离子和萜烯类物质等，改善大气环境。空气负离子是一种重要的无形旅游资源，具有杀菌、降尘、清洁空气的功效，被誉为"空气维生素与生长素"，对人体健康十分有益，能改善肺器官功能，增加肺部吸氧量，促进人体新陈代谢，激活肌体多种酶和改善睡眠，提高人体免疫力、抗病能力（徐昭晖，2004）。随着森林生态旅游的兴起及人们保健意识的增强，空气负离子作为一种重要的森林旅游资源已越来越受到人们的重视，有关空气负离子的评价已成为众多学者的研究内容（钟林生和吴楚材，2004）。

经评估得出：原山林场各营林区森林生态系统提供空气负离子量最大的为石炭坞营林区、岭西营林区和樵岭前营林区，分别占总量的28.77%、24.66%和24.09%，其次为北峪营林区，其占比为13.63%，最小的为凤凰山营林区和良庄营林区，合计所占比重为8.85%（图3-12）。森林环境中的空气负离子浓度高于城市居民区的空气负离子浓度，人们到森林游憩区旅游的一个重要目的之一是去那里呼吸清新的空气。从各营林区提供负离子量来看，石炭坞营林区、岭西营林区和樵岭前营林区对于森林康养具有得天独厚的先天条件，具有显著的发展潜力。

氮氧化物是大气污染的重要组成成分，它会破坏臭氧层，从而改变紫外线到达地面的强度。另外，氮氧化物还是产生酸雨的重要来源，淄博市省森林生态系统吸收氮氧化物功能可以减少空气中的氮氧化物含量，降低了酸雨发生的可能性。淄博市属于齐国文化的中

图3-9 原山林场各营林区森林生态系统林木积累氮量空间分布

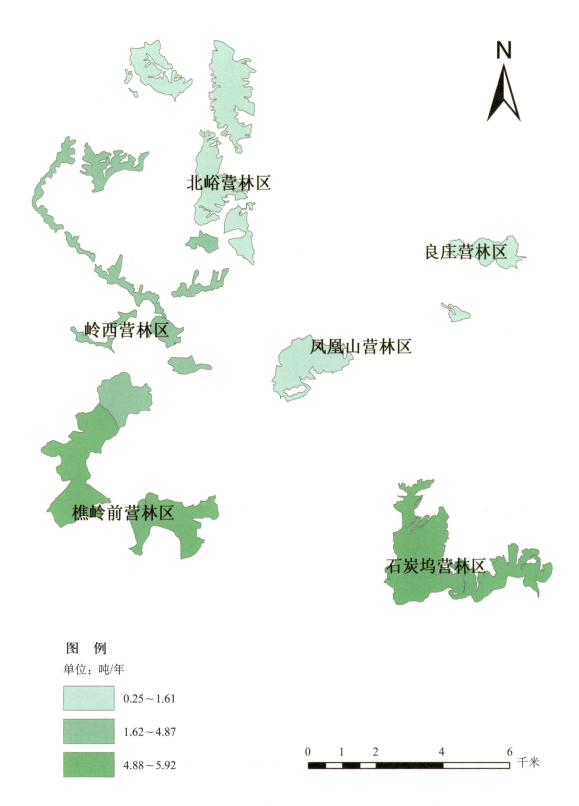

图 3-10　原山林场各营林区森林生态系统林木积累磷量空间分布

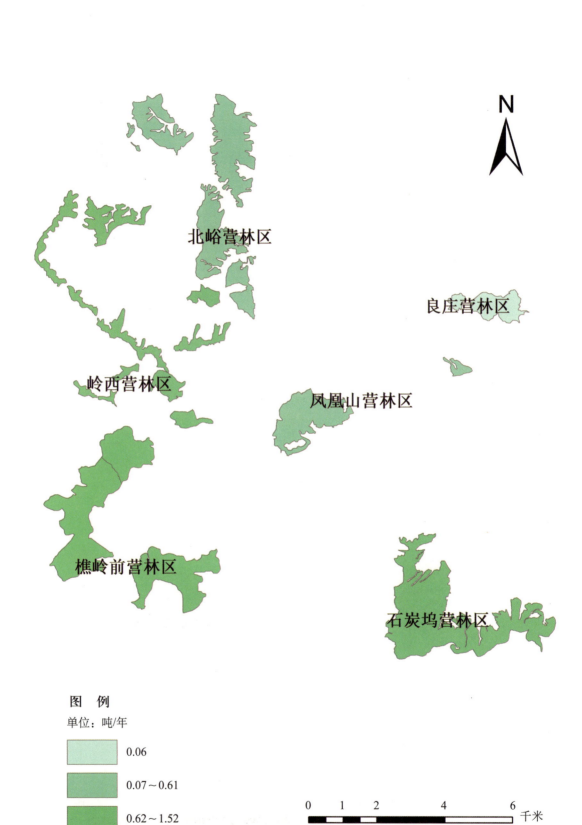

图 3-11 原山林场各营林区森林生态系统林木积累钾量空间分布

图 3-12　原山林场各营林区森林生态系统提供负离子量空间分布

心，大地上保留着众多历史古迹，但是对历史古迹破坏性最大的当属酸雨，其通过腐蚀古迹表面，对其产生无法逆转的危害。历史古迹作为文化传承的物质载体，原山林场森林生态系统吸收氮氧化物功能可以间接地起到保护历史古迹的作用，对于保护齐国古文化具有不可磨灭的贡献。二氧化硫是城市的主要污染物之一，对人体健康以及动植物生长危害比较严重。同时，硫元素还是树木体氨基酸的组成成分，也是树木所需要的营养元素之一。所以树木中都含有一定量的硫，在正常情况下树体中的含量为干重的0.1%～0.3%。当空气中被二氧化硫污染时，树木体内的含量为正常含量的5～10倍。

经评估结果得出：原山林场各营林区森林生态系统吸收污染气体量最大的为樵岭前营林区、北峪营林区、石炭坞营林区和岭西营林区，所占总吸收污染气体量的比重均在20%以上，分别为23.98%、23.29%、22.20%和21.45%，其次为凤凰山营林区，其占比为8.04%，最小为良庄营林区，所占比重为1.05%（图3-13至图3-15）。

森林生态系统可通过增加地表粗糙度，降低风速以及枝叶、秸秆的吸附作用，对吸收污染物和大气颗粒物的吸附起着重要作用（Nowak et al. 2013）。森林的滞尘作用表现为：一方面由于森林茂密的林冠结构，可以起到降低风速的作用。随着风速的降低，空气中携带的大量空气颗粒物会加速沉降；另一方面，由于植物的蒸腾作用，树冠周围和森林表面保持较大湿度，使空气颗粒物较容易降落吸附。最重要的还是因为树体蒙尘之后，经过降水的淋洗滴落作用，使得植物又恢复了滞尘能力。污染空气经过森林反复洗涤过程后，就变得洁净了（李晓阁，2005）。树木的叶面积总数很大，森林叶面积的总和为其占地面积的数十倍，因此使其具有较强的吸附滞纳颗粒物的能力。另外，植被对空气颗粒物有吸附滞纳、过滤的功能，其吸附滞纳能力随植被种类、地区、面积大小、风速等环境因素不同而异，能力大小可相差十几倍到几十倍。所以，淄博市应该充分发挥森林生态系统治污减霾的作用，调控区域内空气中颗粒物含量（尤其是$PM_{2.5}$），有效地遏制雾霾天气的发生。

经评估得出：原山林场各营林区森林生态系统滞纳TSP量最大的为樵岭前营林区、北峪营林区、岭西营林区和石炭坞营林区，所占总滞纳TSP量的比重均在20%以上，分别为25.40%、23.57%、21.12%和21.06%，其次为凤凰山营林区，其占比为7.85%，最小为良庄营林区，所占比重为1.00%（图3-16）；滞纳PM_{10}量最大的为樵岭前营林区、岭西营林区、石炭坞营林区和北峪营林区，所占总滞纳PM_{10}量的比重分别为31.87%、21.08%、19.84%和19.01%，其次为凤凰山营林区，其占比为7.20%，最小为良庄营林区，所占比重为1.00%（图3-17）；滞纳$PM_{2.5}$量最大的为樵岭前营林区、岭西营林区、北峪营林区和石炭坞营林区，所占总滞纳$PM_{2.5}$量的比重分别为31.16%、20.78%、20.31%和19.42%，其次为凤凰山营林区，其占比为7.21%，最小为良庄营林区，所占比重为1.00%（图3-18）。从中可以看出，北峪营林区在净化大气环境功能，尤其是吸收污染气体、滞纳颗粒物方面的能力较强，这主要是因为北峪营林区侧柏林面积较大，其侧柏林面积占林场侧柏林面积的41.79%。有大量的

图 3-13 原山林场各营林区森林生态系统吸收二氧化硫量空间分布

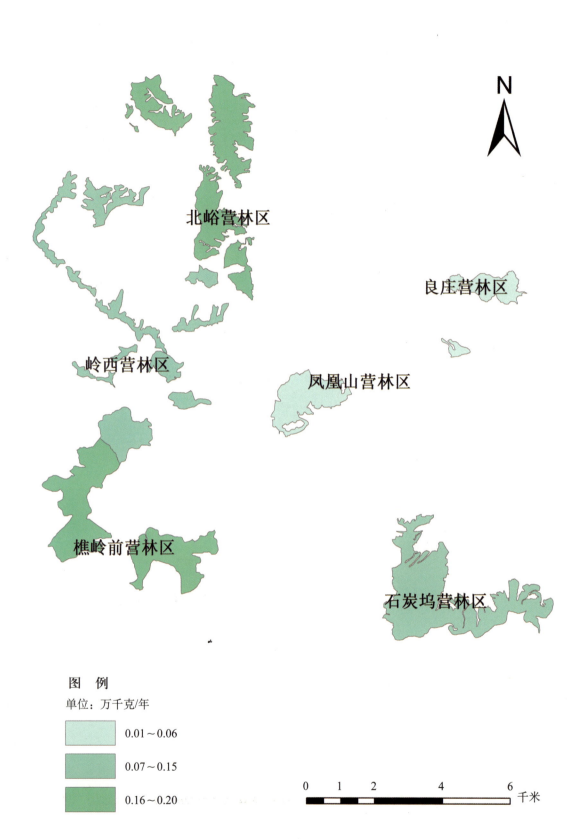

图 3-14 原山林场各营林区森林生态系统吸收氟化物量空间分布

图 3-15　原山林场各营林区森林生态系统吸收氮氧化物量空间分布

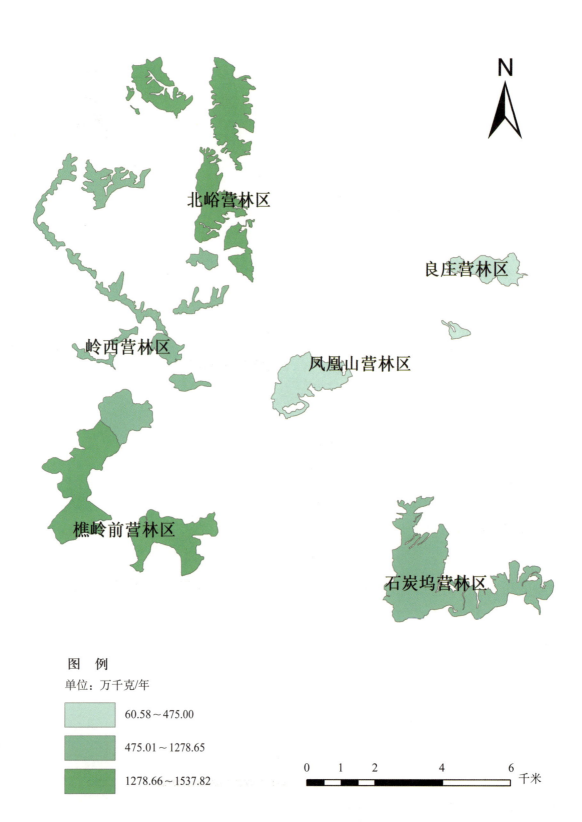

图3-16 原山林场各营林区森林生态系统滞纳TSP量空间分布

图 3-17 原山林场各营林区森林生态系统滞纳 PM_{10} 量空间分布

图 3-18　原山林场各营林区森林生态系统滞纳 $PM_{2.5}$ 量空间分布

研究结果证明（zhang 等，2015；房瑶瑶，2015；张维康，2016），针叶林尤其是侧柏林对于治污减霾的作用最大。原山林场森林生态系统吸附滞纳颗粒物功能较强，有效地调减了淄博市乃至鲁中地区的空气颗粒物含量，助推环境质量改善，对于创建蓝天白云、山青水秀的美丽宜居环境具有积极的促进作用。

据淄博市统计年鉴（2018）中的相关统计数据，2016年淄博市可吸入颗粒物、细颗粒物、二氧化硫年均浓度降低率分别为13.5%、15.9%和31.3%。原山林场森林生态系统吸收污染物量和滞纳颗粒物量以及工业消减量，对维护淄博市乃至鲁中地区地区空气环境质量起到了非常重要的作用。此外，还可以增加当地居民的旅游收入，进一步调整了区域内的经济发展模式，提高第三产业经济总量。这样可以提高人们保护生态环境的意识，使其形成一种良性的经济循环模式。

从以上评估结果可知，原山林场森林生态系统各项服务的空间分布格局取决于森林资源结构：

1. 森林资源结构组成

第一，与森林面积分布有关。原山林场各营林区森林面积大小排序为石炭坞营林区＞樵岭前营林区＞岭西营林区＞北峪营林区＞凤凰山营林区＞良庄营林区，其所占比重分别为24.81%、24.62%、21.88%、19.18%、8.28%和1.23%。从各项服务的评估公式中可以看出，森林面积是生态系统服务强弱的最直接影响因子。其次，从现场调查的情况看，石炭坞营林区、樵岭前营林区和岭西营林区森林面积较大，由于封山育林等措施的实施，大部分人工林生态系统发育状况较好，经过近几十年的封育管理，森林结构较好，而且实现了自我更新。结构决定功能，所以，石炭坞营林区、樵岭前营林区和岭西营林区森林生态系统服务功能较强。

第二，与林龄结构有关。森林生态系统服务是在林木生长过程中产生的，林木的高生长也会对生态系统服务带来正面的影响（宋庆丰，2015）。林木生长的快慢反映在净初级生产力上，影响净初级生产力的因素包括：林分因子、气候因子、土壤因子和地形因子，它们对净初级生产力的贡献率不同，分别为56.7%、16.5%、2.4%和24.4%。林分因子中，林分林龄对净初级生产力的变化影响较大，中龄林和近熟林有绝对的优势（Hel. et al.，2012）。从原山林场森林资源数据中可以看出，幼龄林和中龄林面积占全市森林总面积的近90%。林分蓄积量随着林龄的增加而增加，随着时间的推移，幼龄林逐渐向成熟林的方向发展，从而使林分蓄积量得以提高（Nishizono，2010）。

林分年龄与其单位面积水源涵养效益呈正相关性，随着林龄的不断增长，这种效益的增长速度逐渐变缓（Zhang，2013），本研究结果证实了以上现象的存在。森林从地上冠层到地下根系，都对水土流失有着直接或间接的作用，只有森林对地面的覆盖达到一定程度时，才能起到防止土壤侵蚀的作用。随着植被的不断生长，根系对土壤的缠绕支撑和串联等作用增强，进而增加了土壤抗侵蚀能力（Wainwright J，2000；Gilley J E，2000）。但森林生态系统的保育土壤功能不可能随着森林的持续增长和林分蓄积量的逐渐增加而持续增长。土壤养分随着地表径流的流失与乔木层及其根、冠生物量呈现幂函数变化曲线的结果，其转折点基本在中龄林与近熟林之间。这主要由于森林生产力存在最大值现象，其会随着林龄的增长而降低（Murty 和 Murtrie，2000；Song 和 Woodcock，2003），年蓄积生产量/蓄积量与年净初级生产力（NPP）存在函数关系，随着年蓄积生产量/蓄积量的增加，生产力逐渐降低（Bellassen, et al., 2011）。

第三，与森林质量有关，也就是与生物量有直接的关系。由于蓄积量与生物量存在一定关系，则蓄积量也可以代表森林质量。由原山林场资源数据可以得出，原山林场各营林区林分蓄积量大小排序为樵岭前营林区＞岭西营林区＞石炭坞营林区＞北峪营林区＞凤凰山营林区＞良庄营林区。有研究表明：生物量的高生长也会带动其他森林生态系统服务功能项的增强。生态系统的单位面积生态功能的大小与该生态系统的生物量有密切关系（Feng et al, 2008），一般来说，生物量越大，生态系统功能越强（Fang et al., 2001）。大量研究结果印证了随着森林蓄积量的增长，涵养水源功能逐渐增强的结论，主要表现在林冠截留、枯落物蓄水、土壤层蓄水和土壤入渗等方面的提升（Tekiehaimanot，1991）。但是，随着林分蓄积量的增长，林冠结构、枯落物厚度和土壤结构将达到一个相对稳定的状态，此时的涵养水源能力应该也处于一个相对稳定的最高值。随着林中各部分生物量的不断积累，尤其是受到枯落物厚度的影响，森林的水源涵养能力会处于一个相对稳定的状态。

森林生态系统涵养水源功能较强时，其固土功能也必然较高，其与林分蓄积量也存在较大的关系。植被根系的固土能力与林分生物量呈正相关，而且林冠层还能降低降雨对土壤表层的冲刷（Carroll, et al., 1997）。有关生态公益林水土保持生态效益的研究显示，影响水土保持效益的各项因子中林分蓄积量的权重值最高。林分蓄积量的增加即为生物量的增加，根据森林生态系统固碳功能评估公式可以看出，生物量的增加即为植被固碳量的增加。另外，土壤固碳量也是影响森林生态系统固碳量的主要原因，地球陆地生态系统碳库的 70% 左右被封存在土壤中。在特定的生物气候带中，随着地上植被的生长，土壤碳库及碳形态将会达到稳定状态（Post et al., 1982）。也就是说，在地表植被覆盖不发生剧烈变化的情况下，土壤碳库是相对稳定的。随着林龄的增长，蓄积量的增加，森林植被单位面积固碳潜力逐步提升（魏文俊，2014）。

2. 区域性要素

经调查发现：原山林场石炭坞营林区、樵岭前营林区和岭西营林区，森林植被相对丰富，是原山林场重要的森林覆被区。此区域林木生长较高，自然植被保护相对较好，生物多样性较为丰富。此外，这几个林区面积较大，且除了石炭坞营林区外，其他两个林区旅游开发程度不高或者尚未开发，森林生态系统受到人为影响较少。由于以上区域因素对林木的生长产生了影响，进而影响到了森林生态系统服务。

另外，调查还发现土壤中的石炭坞营林区、樵岭前营林区和岭西营林区有机质含量较高，在固持相同土壤量的情况下，能够避免更多的土壤养分流失。这三个林区较其他地区物种多样性相对丰富，土壤覆盖度和固持度较高，则其涵养水源能力较强，减弱了地表径流的形成，减少了对土壤的冲刷。

第三节 不同优势树种（组）生态系统服务功能物质量

本研究根据森林生态系统服务评估公式，并基于原山林场森林资源数据，计算了主要优势树种(组)森林生态系统服务的物质量。各优势树种(组)的固碳量按照林业行业标准《森林生态系统服务功能评估规范》(LY/T 1721—2008) 计算出各优势树种（组）潜在固碳量，此处未减去由于森林采伐消耗造成的碳损失量。原山林场各优势树种（组）生态系统服务物质量如表 3-3 及图 3-19 至图 3-34 所示。

一、涵养水源

原山林场各优势树种（组）中涵养水源量最大的为刺槐林，占总涵养水源量的 58.44%；其次为侧柏林和松类，分别占总涵养水源量的 22.14% 和 16.06%；最小为针阔混交林和阔叶混交林，二者合计占总涵养水源量的 1.20%。评估结果表明：刺槐林、侧柏林和松类的涵养水源功能较强，对于区域的水资源安全起着非常重要的作用（图 3-19）。另外，森林生态系统的调节水量功能可以保障水库和湿地的水资源供给，为人们的生产、生活安全提供了一道绿色屏障。

表 3-3 原山林场各营林区不同优势树种（组）生态系统服务功能物质量

优势树种（组）	涵养水源(万吨/年)	保育土壤					固碳释氧		林木积累营养物质(吨/年)	净化大气环境						
		固土(百吨/年)	N(吨/年)	P(吨/年)	K(吨/年)	有机质(吨/年)	固碳(吨/年)	释氧(吨/年)		提供负离子量($\times 10^{22}$个/年)	吸附SO_2(百千克/年)	吸附HF(百千克/年)	吸附NO_x(百千克/年)	滞纳TSP(万千克/年)	滞纳PM_{10}(百千克/年)	滞纳$PM_{2.5}$(百千克/年)
侧柏	105.51	134.07	5.77	7.11	49.90	603.19	859.39	1878.88	29.20	61.94	2249.84	45.94	64.10	3333.10	190.50	48.54
松类	76.53	64.79	10.11	2.72	81.63	268.49	707.73	1687.90	26.03	30.09	998.29	22.10	31.43	1634.14	145.44	34.60
栎类	10.29	4.98	0.80	0.17	5.32	17.71	42.87	100.83	2.01	3.58	29.71	0.18	2.12	37.49	1.25	0.25
刺槐	278.45	134.75	21.69	4.72	143.91	479.29	1160.18	2728.89	54.42	96.76	804.09	4.77	57.29	1014.61	77.09	15.42
针阔混交林	3.37	3.51	2.04	0.48	4.46	17.38	44.69	109.81	1.97	2.32	22.06	0.64	1.49	25.16	4.16	0.97
阔叶混交林	2.33	1.39	0.18	0.06	0.94	6.23	13.77	32.97	1.29	0.95	8.73	0.46	0.59	9.95	1.02	0.20
合计	476.48	343.49	40.59	15.26	286.16	1392.29	2828.63	6539.28	114.92	195.63	4112.72	74.09	157.02	6054.45	419.48	99.98

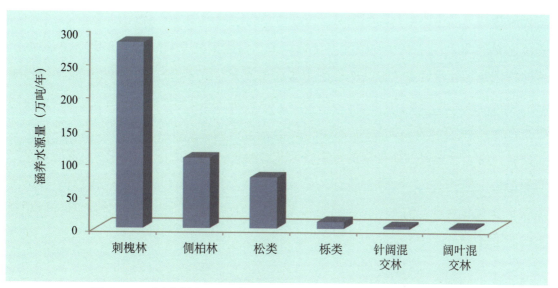

图 3-19　原山林场不同优势树种（组）生态系统涵养水源量

二、保育土壤

原山林场各优势树种（组）中固土量最大的为刺槐林和侧柏林，分别占总固土量的 39.23% 和 39.03%；其次为松类，占总固土量的 18.86%；最小为针阔混交林和阔叶混交林，二者合计占总固土量的 1.43%（图 3-20）。土壤侵蚀与水土流失现在已成为人们共同关注的生态环境问题，它不仅导致表层土壤随地表径流流失，切割蚕食地表，而且径流携带的泥沙又会淤积阻塞江河湖泊，抬高河床，增加了洪涝的隐患。那么，刺槐林、侧柏林和松类作为原山林场具有明显优势的树种构成，其固土功能的作用体现在防治区域水土流失方面，为该区域国土生态安全提供了重要保障，为生态效益科学化补偿提供了科学支撑。

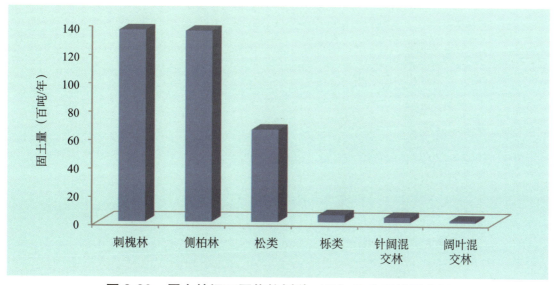

图 3-20　原山林场不同优势树种（组）生态系统固土量

保肥量最大的为侧柏林和刺槐林,分别占总保肥量的 38.40% 和 37.46%;其次为松类,占总保肥量的 20.93%;最小为阔叶混交林,占总保肥量的 0.43%(图 3-21 至图 3-24)。土壤侵蚀特别是加速侵蚀造成肥沃的表层土壤大量流失,使土壤理化性质和生物学特性发生相应的退化,导致土壤肥力与生产力的降低。伴随着土壤的侵蚀,大量的土壤养分也随之被带走,一旦进入水库或者湿地,极有可能引发水体的富营养化,导致更为严重的生态灾难。同时,由于土壤侵蚀所带来的土壤贫瘠化,会使人们加大肥料使用量,继而带来严重的面源污染,使其进入一种恶性循环。所以,森林生态系统的保育土壤功能对于保障生态环境安全具有非常重要的作用,在原山林场所有的优势树种(组)中,刺槐林、侧柏林和松类的作用最大。

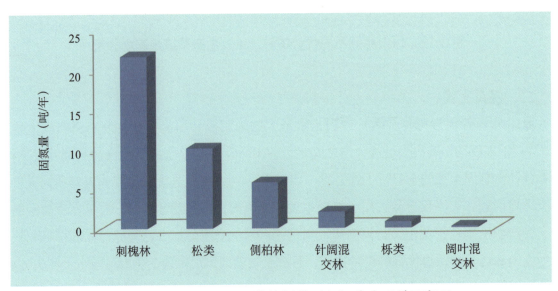

图 3-21 原山林场不同优势树种(组)生态系统固氮量

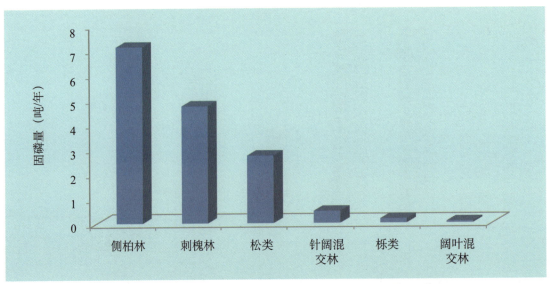

图 3-22 原山林场不同优势树种(组)生态系统固磷量

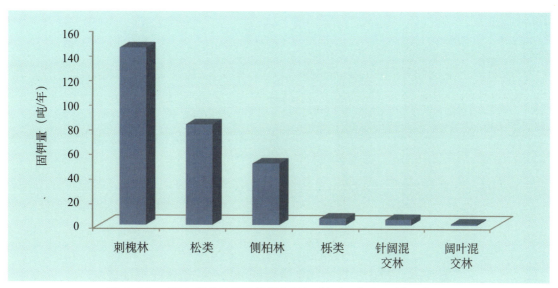

图 3-23　原山林场不同优势树种（组）生态系统固钾量

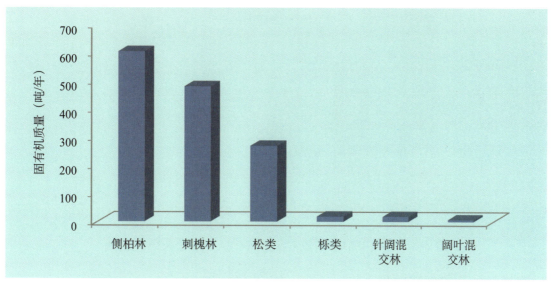

图 3-24　原山林场不同优势树种（组）生态系统固有机质量

三、固碳释氧

原山林场各优势树种（组）中固碳量最大的为刺槐林，占总固碳量的 41.02%；其次为侧柏林和松类，分别占总固碳量的 30.38% 和 25.02%；最小为阔叶混交林，占总固碳量的 0.49%。原山林场各优势树种（组）中释氧量最大的为刺槐林，占总释氧量的 41.73%；其次为侧柏林和松类，分别占总释氧量的 28.73% 和 25.81%；最小为阔叶混交林，占释氧量的 0.50%（图 3-25 至图 3-26）。空气属于一种连续流通体，由于气体的扩散原理，空气污染物包括二氧化碳容易在浓度高的区域向低密度区域扩散，则原山林场森林对汇集其他区域的二氧化碳的吸收和固定发挥着重要的作用。原山林场刺槐林、侧柏林和松类的固碳功能对于削减空气中二氧化碳浓度十分重要，这可为原山林场的生态效益科学化补偿以及跨区域的生态效益科学化补偿提供基础数据。

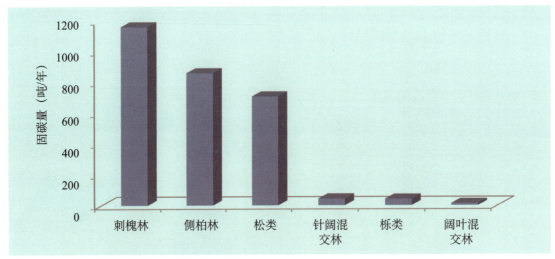

图 3-25　原山林场不同优势树种（组）生态系统固碳量

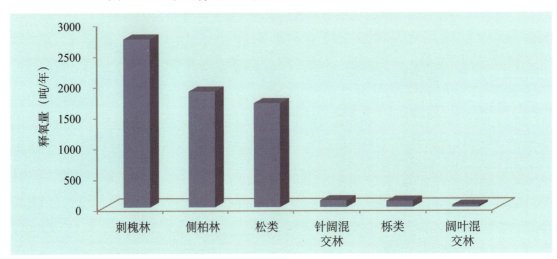

图 3-26　原山林场不同优势树种（组）生态系统释氧量

四、林木积累营养物质

原山林场各优势树种（组）中林木积累营养物质量最大的为刺槐林，占总林木积累营养物质量的 47.35%；其次为侧柏林和松类，分别占总林木积累营养物质量的 25.41% 和 22.65%；最小为阔叶混交林，占总林木积累营养物质量的 1.12%（图 3-27）。林木在生长过程中不断从周围环境吸收营养物质，固定在植物体中，成为全球生物化学循环不可缺少的环节。林木积累营养物质服务功能首先是维持自身生态系统的养分平衡，其次才是为人类提供生态系统服务。林木积累营养物质功能与固土保肥中的保肥功能，无论从机理、空间部位，还是计算方法上都有本质区别，它属于生物地球化学循环的范畴，而保肥功能是从水土保持的角度考虑，即如果没有这片森林，每年水土流失中也将包含一定了营养物质，属于物理过程。从林木积累营养物质的过程可以看出，可以一定程度上减少该区域因水土流失而带来的养分损失，使得固定在体内的养分元素再次进入生物地球化学循环，从而极大地降低水库和湿地水体富营养化。

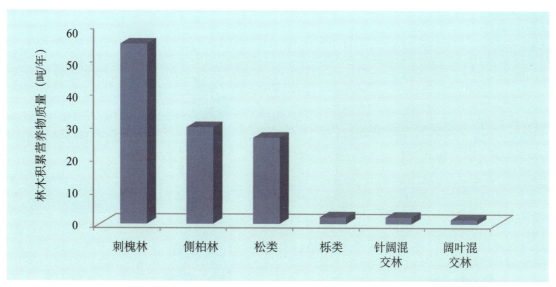

图 3-27　原山林场不同优势树种（组）生态系统林木积累营养物质量

五、净化大气环境

原山林场各优势树种（组）中提供负离子量最大的为刺槐林，占总提供负离子量的 49.46%；其次为侧柏林和松类，分别占总提供负离子量的 31.66% 和 15.38%；最小为阔叶混交林，占总提供负离子量的 0.49%（图 3-28）。从现场调查来看，原山林场大部分刺槐林生态系统结构较为完整，郁闭度较大，现场测定负离子浓度最高。吸附污染气体量最大的为侧柏林，占总吸收污染气体量的 54.33%；其次为松类和刺槐林，分别占总吸收污染气体量的 24.21% 和 19.94%；最小为阔叶混交林，占总吸收污染气体量的 0.23%（图 3-29 至图 3-31）。滞纳 TSP 量最大的为侧柏林，占总滞纳 TSP 量的 55.05%；其次为松类和刺槐林，分别占总滞纳 TSP 量的 26.99% 和 16.76%；最小为阔叶混交林，占总滞纳 TSP 量的 0.16%（图 3-32）。滞纳 PM_{10} 量最大的为侧柏林，占总滞纳 PM_{10} 量的 45.41%；其次为松类和刺槐林，分别占总滞纳 PM_{10} 量的 34.67% 和 18.33%；最小为阔叶混交林，占总滞纳 PM_{10} 量的 0.24%（图 3-33）。滞纳 $PM_{2.5}$ 量最大的为侧柏林，占总滞纳 $PM_{2.5}$ 量的 48.55%；其次为松类和刺槐林，分别占总滞纳 $PM_{2.5}$ 量的 34.61% 和 15.42%；最小为阔叶混交林，占总滞纳 $PM_{2.5}$ 量的 0.20%（图 3-34）。

空气负离子是一种重要的无形旅游资源，具有杀菌、降尘、清洁空气的功效，被誉为"空气维生素与生长素"，对人体健康十分有益。随着森林生态旅游的兴起及人们保健意识的增强，空气负离子作为一种重要的森林旅游资源已越来越受到人们的重视。由此可见，刺槐林、侧柏林和松类所提供的空气负离子对于提升原山林场旅游区的旅游资源质量具有十分重要的作用。

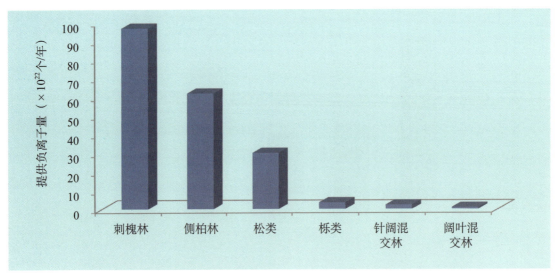

图 3-28　原山林场不同优势树种（组）生态系统提供负离子量

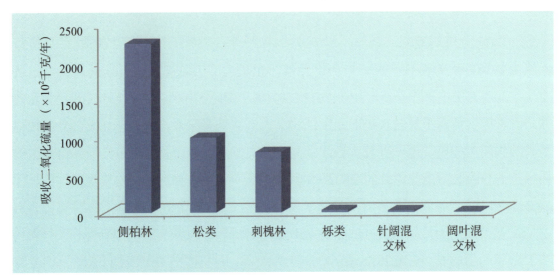

图 3-29　原山林场不同优势树种（组）生态系统吸收二氧化硫量

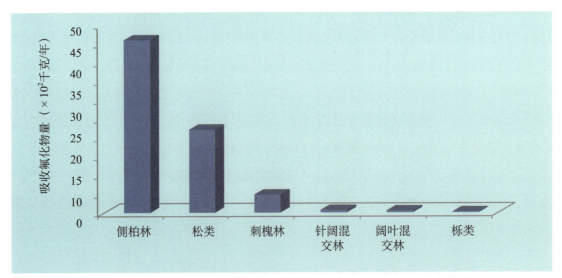

图 3-30　原山林场不同优势树种（组）生态系统吸收氟化物量

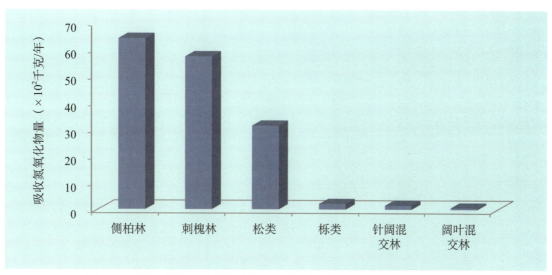

图 3-31　原山林场不同优势树种（组）生态系统吸收氮氧化物量

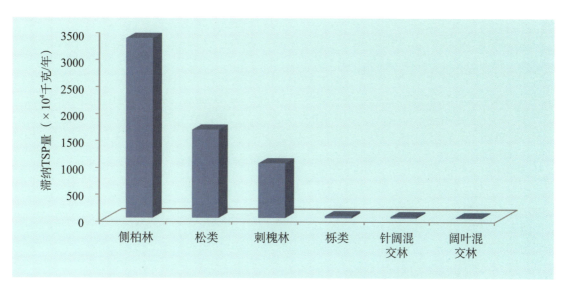

图 3-32　原山林场不同优势树种（组）生态系统滞纳 TSP 量

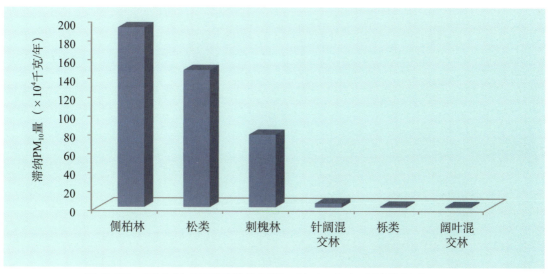

图 3-33　原山林场不同优势树种（组）生态系统滞纳 PM_{10} 量

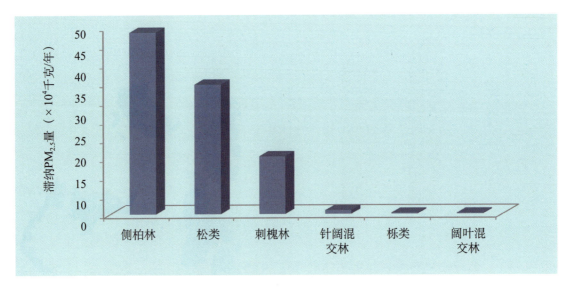

图 3-34 原山林场不同优势树种（组）生态系统滞纳 $PM_{2.5}$ 量

第四章
山东省淄博市原山林场森林生态系统服务功能价值量

第一节 森林生态系统服务功能总价值量

依据前面章节所述及的评估指标体系和分布式测算方法，得出原山林场森林生态系统服务功能总价值量分别为 18948.04 万元/年（表 4-1），单位面积价值量为 7.96 万元/年。涵养水源功能、保育土壤功能、固碳释氧功能、林木积累营养物质功能、净化大气环境功能、生物多样性保育功能和森林游憩功能分别为 4938.89 万元/年、623.82 万元/年、3173.57 万元/年、212.94 万元/年、2143.94 万元/年、1862.78 万元/年和 5992.10 万元/年，其价值大小排序：森林游憩功能＞涵养水源功能＞固碳释氧功能＞净化大气环境功能＞生物多样性保育功能＞保育土壤功能＞林木积累营养物质功能，所占比例分别为 31.62%、26.07%、16.76%、11.31%、9.83%、3.29% 和 1.12%（图 4-1）。

表 4-1 原山林场森林生态系统服务功能总价值量

功能项	涵养水源（万元/年）	保育土壤（万元/年）	固碳释氧（万元/年）	林木积累营养物质（万元/年）	净化大气环境（万元/年）	生物多样性保护（万元/年）	森林游憩（万元/年）	合计（万元/年）
价值量	4938.89	623.82	3173.57	212.94	2143.94	1862.78	5992.10	18948.04

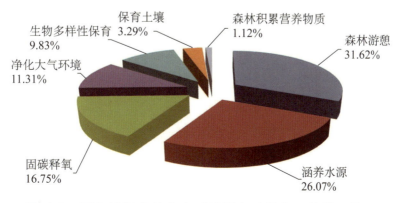

图 4-1 原山林场森林生态系统服务功能各项价值量排序

在各项森林生态系统服务功能中，以森林游憩功能所占比重最大，主要是由于原山林场对森林旅游的高度重视和大力发展密切相关。1997年，原山林场在全省第一家停止了商业性采伐，在保护森林资源的前提下，利用林场搞生态旅游，利用品牌搞林业产业，经过20年的改革发展，一举成为拥有绿化产业、森林旅游、餐饮服务业、旅游地产业、文化产业等五大板块，固定资产10亿元、年收入过亿元的国有企业集团。由传统林业到现代森林旅游业，原山创造了一个由第一产业向第三产业直接跨越的成功模式，这种创新探索在理论和实践两个领域都有非常重要的现实意义，因为生态旅游是原山产业化经营上一颗璀璨的绿色明珠。原山位于城市近郊，非常适合搞休闲旅游，于是提出了依托林场森林资源优势，大力发展森林旅游产业的想法，盘活青山，大力发展旅游业，借助于林场的优势，把森林资源变成旅游资源，进而变成旅游商品。凭借着原山森林公园的优势，按照"发展大旅游、开拓大市场、形成大产业"的旅游方针，先后投资了数亿元进行开发建设，基本形成了吃、住、行、游、购、娱一条龙的服务体系。通过活动拉动、工程带动、宣传推动等措施，原山旅游规模不断发展壮大，景点数量和景观质量都有了新的提升。按照世界旅游组织（WTO）的测算，旅游业每投入1元，将带动相关产业4.3元的社会消费，原山林场对森林旅游产业的投资，为生态旅游的发展奠定了坚实的基础。另外，在"原山精神"的带动下，山东原山艰苦创业教育基地被国内诸多培训机构定为培训基地，每年有大量的人员来基地培训，这也是森林游憩功能的重要组成部分之一，实现了原山林场"红色文化带动绿色发展"的特色发展道路。

由图4-1和图4-2至图4-5可以看出：

原山林场森林生态系统"绿色水库"的价值量占总服务功能价值量的26.07%，表明其"绿色水库"作用的发挥，对于维持区域水资源平衡起到了非常重要的作用。其中，石炭坞营林区和樵岭前营林区森林生态系统"绿色水库"的作用最大，超过了50%。淄博作为老工业和新兴石油化工城市，水资源短缺问题成为困扰其经济社会发展的重要制约因素。全市人均水资源可利用量335立方米，仅为全国人均水平的15%。因此，淄博市各级政府所面临的迫切任务就是如何破解水资源瓶颈制约，实现水资源的可持续利用。大气降水是淄博市地表水和地下水的主要补给源，森林生态系统"绿色水库"作用的发挥，可以延缓地表径流的产生时间，并通过枯落物层和土壤层，将大气降水最大限度转化为可利用的水资源，用以缓解水资源短缺对社会经济发展造成的不利影响。

原山林场森林生态系统"绿色碳库"的价值量占总服务功能价值量的16.76%，其中，樵岭前营林区和石炭坞营林区森林生态系统"绿色碳库"的作用最大，超过了50%。由于原山林场森林资源中幼龄林面积和蓄积量比例较大，中幼龄林面积均占全林场森林资源总面积的87.95%左右，中幼龄林蓄积量均占全林场森林资源总蓄积量的85.60%。中幼龄林处于快速成长期，在适宜的生长条件下，相对于成熟林或过熟林，具有更长的固碳期，积累的固碳量会更多（国家林业局，2015）。有研究表明，当降水量在400～3200毫米范围内时，降水与植被碳储量之间呈正相关；当降水超过3200毫米时，降水与植被碳储量之间呈负相关（Brown 和 Lugo，1984）。原山林场处于年降水量400毫米以上的区域，为原山林场森林生态系统"绿色碳库"作用的发挥提供了条件。

原山林场森林生态系统"净化环境氧吧库"的价值量占总服务功能价值量11.31%，表明其"净化环境氧吧库"作用的发挥，对于改善原山林场所在区域的空气环境质量起到了非常重要的作用。其中，樵岭前营林区和北峪营林区森林生态系统"净化环境氧吧库"的作用最大，占据了48.80%。森林具有滞尘、吸收污染物和缓解城市"热岛"的作用，对净化区域大气环境和改善城市生态环境具有重要意义。相关研究表明，针叶林叶片由于具有分泌油脂功能以及成簇的针状叶片总的表面积更大，因此其滞尘功能要大于阔叶林。由森林资源统计结果可知，原山林场森林资源面中针叶林比例超过了65%，大面积集中连片的针叶林区提高了原山林场森林生态系统滞尘功能，大大提升了原山林场森林生态系统"净化环境氧吧库"作用的发挥。同时，原山林场森林资源较为集中，且位于市郊，其提供负离子作用也为发展森林旅游产业提供重要的物质基础。

原山林场森林生态系统"生物多样性基因库"的价值量占总服务功能价值量9.83%，表明其"生物多样性基因库"作用的发挥，对于维持原山林场森林生态系统生物多样性起到了积极的作用。其中，石炭坞营林区和樵岭前营林区森林生态系统"生物多样性基因库"的作用最大，占据了48.70%。在建场之初，原山林场到处是荒山秃岭，森林覆盖率不足2%，经几代务林人在不懈努力，森林覆盖率提升至94.4%，森林面积达4.4万亩。原山林场森林植被的恢复，为森林生态系统"生物多样性基因库"作用的发挥提供了物质基础。目前，原山林场境内有维管植物104科374属730种(含44变种7变型2亚种)，其中国家一级、二级、三级保护植物6种，列入《濒危野生动植物种国际贸易公约》植物2种，《中国植物红皮书——稀有濒危植物》所列植物3种。同时，原山林场在古树名木保护方面，也做出了积极的努力。据2011年原山林场林木种质资源调查结果，林场境内古树名木种质资源共8科9属9种。其中，保护等级为一级的3株，二级的7株，三级的14株。

图 4-2 原山林场森林生态系统"绿色水库"空间分布

第四章　山东省淄博市原山林场森林生态系统服务功能价值量

图 4-3　原山林场森林生态系统"绿色碳库"空间分布

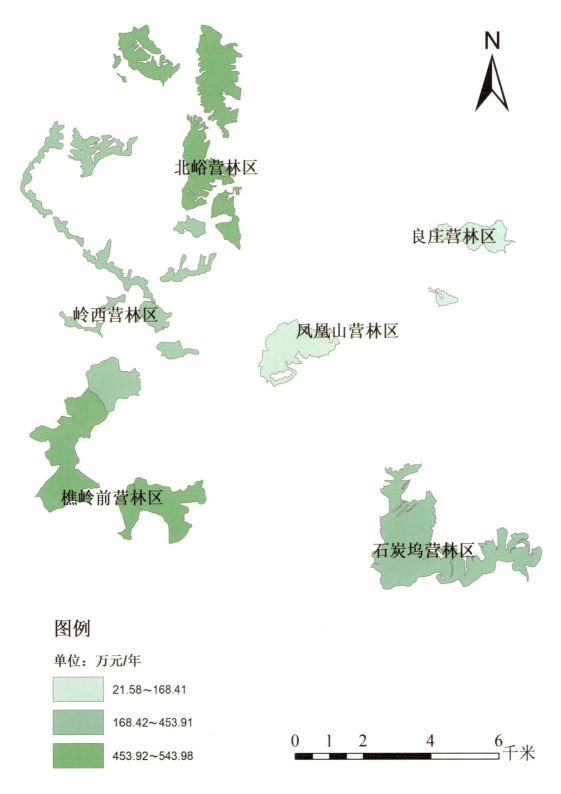

图 4-4　原山林场森林生态系统"净化环境氧吧库"空间分布

图 4-5　原山林场森林生态系统"生物多样性基因库"空间分布

第二节 不同营林区森林生态系统服务功能价值量

原山林场各营林区森林生态系统服务功能价值量见表4-2。由于森林游憩功能数据是以原山林场为单位进行统计，因此本节内容所描述的原山林场森林生态系统服务功能价值量不包括森林游憩功能的价值量。原山林场各营林区森林生态系统服务功能价值量的空间分布格局如图4-6至图4-12所示。

表4-2　原山林场各营林区森林生态系统服务功能价值量

功能 营林区	涵养 水源 （万元/年）	保育 土壤 （万元/年）	固碳 释氧 （万元/年）	林木积累 营养物质 （万元/年）	净化大气 环境 （万元/年）	生物多样 性保护 （万元/年）	合计 （万元/年）
北峪营林区	472.76	85.71	392.43	24.48	502.40	366.45	1844.23
岭西营林区	1253.15	152.36	772.50	52.69	453.65	404.96	3089.31
良庄营林区	68.20	7.48	36.39	2.56	21.59	22.66	158.88
凤凰山营林区	337.60	44.72	216.33	15.44	168.42	161.56	944.07
樵岭前营林区	1323.43	171.64	967.33	62.20	543.97	451.25	3519.82
石炭坞营林区	1483.75	161.91	788.59	55.57	453.91	455.90	3399.63
合计	4938.89	623.82	3173.57	212.94	2143.94	1862.78	12955.94

涵养水源：原山林场各营林区森林生态系统涵养水源功能价值量中，大小排序为石炭坞营林区＞樵岭前营林区＞岭西营林区＞北峪营林区＞凤凰山营林区＞良庄营林区，其所占比重分别为30.04%、26.80%、25.37%、9.57%、6.84%和1.38%（图4-6）。一般而言，建设水利设施存在许多缺点，如占用大量的土地，改变了其土地利用方式，水利等基础设施存在使用年限等。而森林生态系统就像一个"绿色、安全、永久"的水利设施，只要不遭到破坏，其涵养水源功能是持续增长的，同时还能提高其他方面的生态功能，如防止水土流失、吸收二氧化碳、保护生物多样性等。

保育土壤：原山林场各营林区森林生态系统保育土壤功能价值量中，大小排序为樵岭前营林区＞石炭坞营林区＞岭西营林区＞北峪营林区＞凤凰山营林区＞良庄营林区，其所占比重分别为27.51%、25.95%、24.42%、13.74%、7.17%和1.21%（图4-7）。根据陈向喜等（2009）、杨艳和卢明峰（2012）的相关数据计算得出，淄博市土壤水蚀量介于350万~900万吨/年之间。水蚀主要由于全市降水较少且年内分布不均，降雨强度与水土流失危害成正比，在发生强降雨和持续降雨的情况下，南部山区径流极易形成洪水、使切沟、冲沟发育强烈，造成较大的水土流失危害和财产损失，随着水土流失的不断发生，地力也在逐渐的衰退。由此可以看出，原山林场森林生态系统保育土壤功能对于维护区域国土安全意义重

图 4-6 原山林场各营林区森林生态系统涵养水源功能价值量空间分布

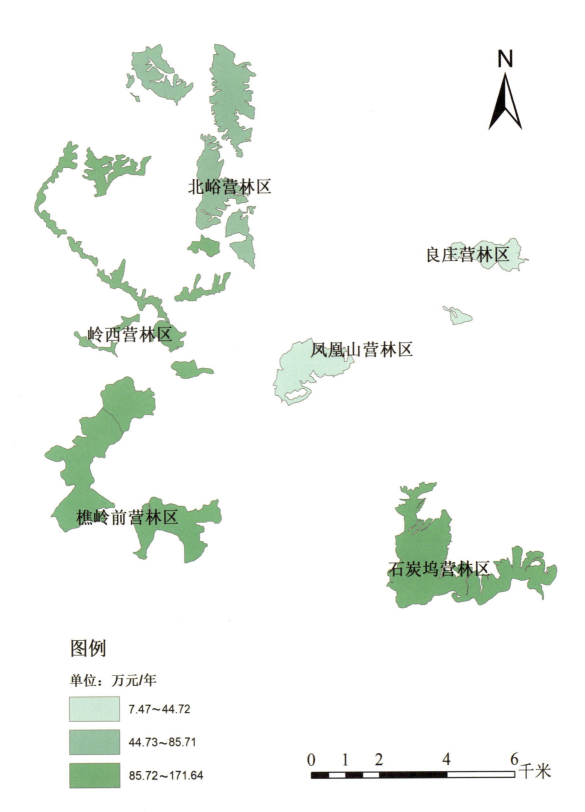

图 4-7 原山林场各营林区森林生态系统保育土壤功能价值量空间分布

大，对维持区域生态、经济和社会的可持续发展起到了不可忽视的作用。

固碳释氧：原山林场各营林区森林生态系统固碳释氧功能价值量中，其大小排序为樵岭前营林区＞石炭坞营林区＞岭西营林区＞北峪营林区＞凤凰山营林区＞良庄营林区，其所占比重分别为30.47%、24.85%、24.34%、12.37%、6.82%和1.15%（图4-8）。淄博市位于山东省中部，是重要的工业城市，其工业以石油化工、医药、建材、纺织、陶瓷、机械冶金等为主导，众多工业使得电力需求不断增加、能源的消耗日益严重，并且环境质量降低，空气污染严重。近年来，淄博市经济总量持续增长，城镇化步伐不断加快，产业结构也呈现逐渐演进的态势，这些变化都伴随着能源消耗增加的可能，以工业作为主导的淄博市将面临着节能减排的严峻压力（陈鑫和李健斌，2009）。与工业减排相比，森林固碳投资少、代价低，更具经济可行性和现实操作性。因此，通过森林吸收、固定二氧化碳是实现减排目标的有效途径。

林木积累营养物质：原山林场各营林区森林生态系统林木积累营养物质功能价值量中，其大小排序为樵岭前营林区＞石炭坞营林区＞岭西营林区＞北峪营林区＞凤凰山营林区＞良庄营林区，其所占比重分别为29.21%、26.10%、24.75%、11.49%、7.25%和1.20%（图4-9）。

净化大气环境：原山林场各营林区森林生态系统净化大气环境功能价值量中，其大小排序为樵岭前营林区＞北峪营林区＞石炭坞营林区＞岭西营林区＞凤凰山营林区＞良庄营林区，其所占比重分别为25.37%、23.43%、21.17%、21.16%、7.86%和1.01%（图4-10）。淄博市作为山东省重要的建材、陶瓷、石油化工中心，其污染物排放量在山东省处于较高水平，尤以陶瓷制造业最为严重。

生物多样性保育：原山林场各营林区森林生态系统生物多样性保育功能价值量中，其大小排序为石炭坞营林区＞樵岭前营林区＞岭西营林区＞北峪营林区＞凤凰山营林区＞良庄营林区，其所占比重分别为24.47%、24.23%、21.74%、19.67%、8.67%和1.22%（图4-11）。经现场调查发现，石炭坞营林区、樵岭前营林区和岭西营林区各种类型人工林群落结构较为稳定，林下幼苗更新较好，有向次生林结构发展的趋势。同时，由于这三个营林区面积较大，森林分布比较集中，人为干扰强度低，有利于森林群落的保护，使得更多的植物物种在其内存活下来，且形成较为稳定的种群结构。

总价值：原山林场各营林区森林生态系统总价值量中，其大小排序为樵岭前营林区＞石炭坞营林区＞岭西营林区＞北峪营林区＞凤凰山营林区＞良庄营林区，其所占比重分别为27.17%、26.24%、23.84%、14.23%、7.29%和1.23%（图4-12）。由此可以看出，樵岭前营林区、石炭坞营林区、岭西营林区森林生态系统服务功能对于整个林场生态系统功能的发挥起着至关重要的作用。

图 4-8 原山林场各营林区森林生态系统固碳释氧功能价值量空间分布

图 4-9 原山林场各营林区森林生态系统林木积累营养物质功能价值量空间分布

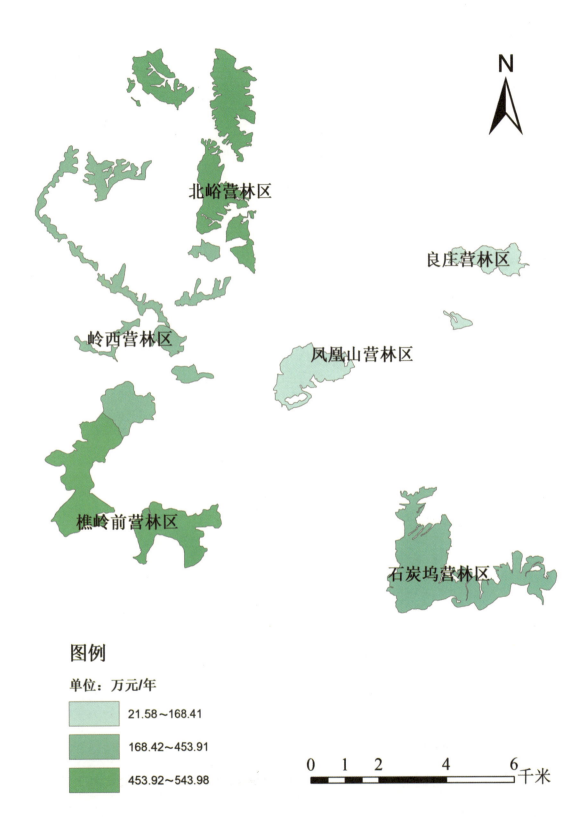

图 4-10 原山林场各营林区森林生态系统净化大气环境功能价值量空间分布

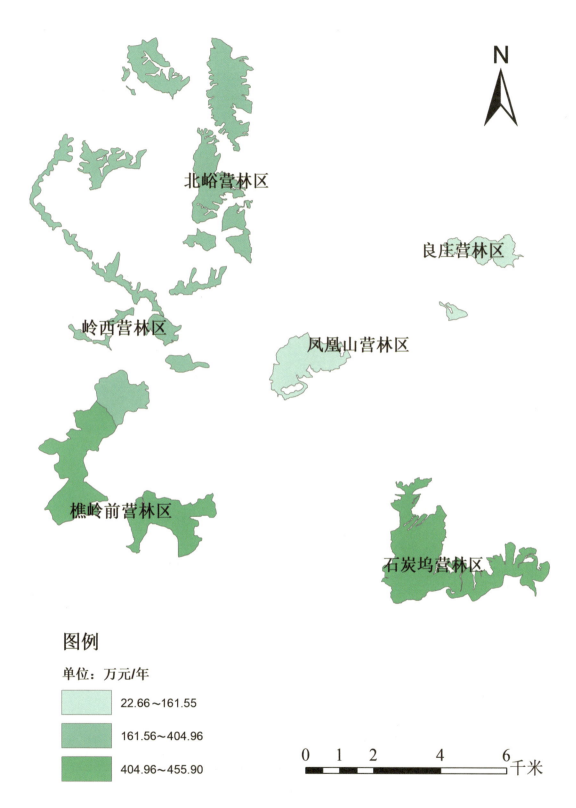

图 4-11 原山林场各营林区森林生态系统生物多样性保育功能价值量空间分布

图 4-12 原山林场各营林区森林生态系统服务功能总价值空间分布

第三节 不同优势树种（组）生态系统服务功能价值量

根据物质量评估结果，通过价格参数，将原山林场不同优势树种（组）服务功能的物质量转化为价值量，结果见表4-3。从表4-3、图4-13至图4-19可以看出，原山林场各优势树种（组）间森林生态系统服务功能价值量评估结果的分配格局呈明显的规律性，且差异较明显。

表4-3 原山林场不同优势树种（组）服务功能价值量

功能 优势树种（组）	涵养水源（万元/年）	保育土壤（万元/年）	固碳释氧（万元/年）	林木积累营养物质（万元/年）	净化大气环境（万元/年）	生物多样性保护（万元/年）	合计（万元/年）
侧柏林	1093.70	199.32	912.12	56.83	1173.55	874.79	4310.31
松类	793.30	136.35	819.02	48.80	575.11	365.43	2738.01
栎类	106.64	9.77	48.93	3.62	13.42	49.82	232.20
刺槐林	2886.16	264.39	1324.23	97.84	368.53	525.10	5466.25
针阔混交林	34.90	11.49	53.28	3.95	9.60	33.74	146.96
阔叶混交林	24.19	2.50	15.99	1.90	3.73	13.90	62.21
合计	4938.89	623.82	3173.57	212.94	2143.94	1862.78	12955.94

涵养水源：原山林场各优势树种（组）森林生态系统涵养水源功能价值量中，大小排序为刺槐林＞侧柏林＞松类＞栎类＞针阔混交林＞阔叶混交林，其所占比重分别为58.44%、22.14%、16.06%、2.16%、0.71%和0.49%（图4-13）。水利设施建设需要占据一定面积的土地，往往会改变土地利用类型，无论是占据哪一类土地类型，均对社会造成不同程度的影响。另外，建设水利设施还存在使用年限和一定危险性。随着使用年限的延伸，水利设施内会淤积大量的淤泥，降低了使用寿命，并且还存在崩塌的危险，对人民群众的生产生活造成潜在的威胁。所以利用和提高森林生态系统涵养水源功能，可以减少相应的水利设施建设，将一些潜在的危险性降到最低。

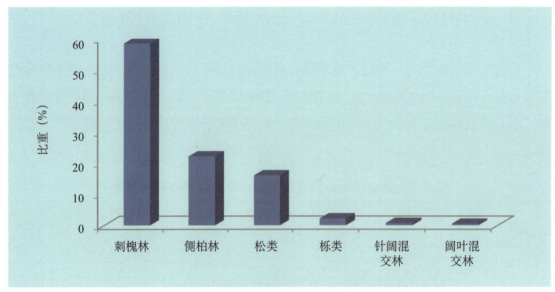

图 4-13　原山林场各优势树种（组）涵养水源功能排序

保育土壤：原山林场各优势树种（组）森林生态系统保育土壤功能价值量中，大小排序为刺槐林＞侧柏林＞松类＞针阔混交林＞栎类＞阔叶混交林，其所占比重分别为42.38%、31.95%、21.86%、1.84%、1.57% 和 0.40%（图 4-14）。森林生态系统防止水土流失的作用，大大降低了地质灾害发生的可能性。另一方面，在防止了水土流失的同时，还减少了随着径流进入到水库和湿地中的养分含量，降低了水体富营养化程度，保障了湿地生态系统的安全。所以，该区域的森林生态系统保育土壤功能对区域河流流域的水土保持具有重要意义。

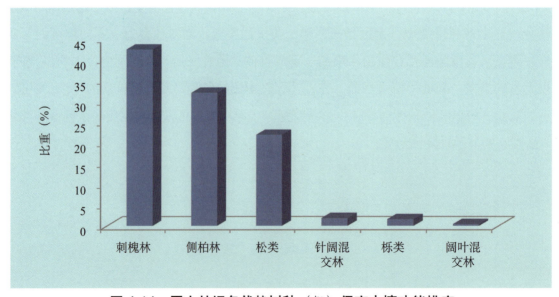

图 4-14　原山林场各优势树种（组）保育土壤功能排序

固碳释氧：原山林场各优势树种（组）森林生态系统固碳释氧功能价值量中，大小排序为刺槐林＞侧柏林＞松类＞针阔混交林＞栎类＞阔叶混交林，其所占比重分别为41.73%、28.74%、25.81%、1.68%、1.54%和0.50%（图4-15）。评估结果显示，刺槐林、侧柏林和松类固碳量达到2727.30万吨/年，若是通过工业减排的方式减少等量的碳排放，所投入的费用高达9203.63亿元。由此可以看出，森林生态系统固碳释氧功能的重要作用。

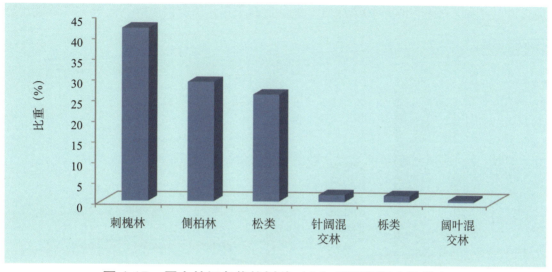

图4-15　原山林场各优势树种（组）固碳释氧功能排序

林木积累营养物质：原山林场各优势树种（组）森林生态系统林木积累营养物质功能价值量中，大小排序为刺槐林＞侧柏林＞松类＞针阔混交林＞栎类＞阔叶混交林，其所占比重分别为45.95%、26.69%、22.92%、1.86%、1.70%和0.88%（图4-16）。从森林生态系统物质循环过程可以看出，林木积累营养物质功能能够将土壤中的部分养分暂时存储在林木体内。在其生命周期内，通过枯枝落叶和根系周转的方式再回归到土壤中，这样能够降低因为水土流失造成的土壤养分的损失量。

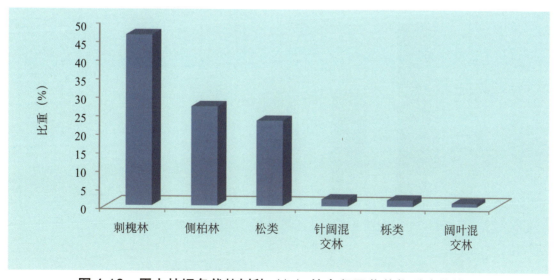

图4-16　原山林场各优势树种（组）林木积累营养物质功能排序

净化大气环境：原山林场各优势树种（组）森林生态系统净化大气环境功能价值量中，大小排序为侧柏林＞松类＞刺槐林＞栎类＞针阔混交林＞阔叶混交林，其所占比重分别为54.74%、26.83%、17.18%、0.63%、0.45% 和 0.17%（图 4-17）。相关资料显示：2009 年淄博市工业减排中废气治理投资额为 10.73 亿元，由此可见森林生态系统净化大气功能较强，能够节约大量的工业治理成本。另外，森林在大气生态平衡中起着"除污吐新"的作用，植物通过叶片拦截、富集和吸收污染物质，提供负离子和萜烯类物质等，改善大气环境。

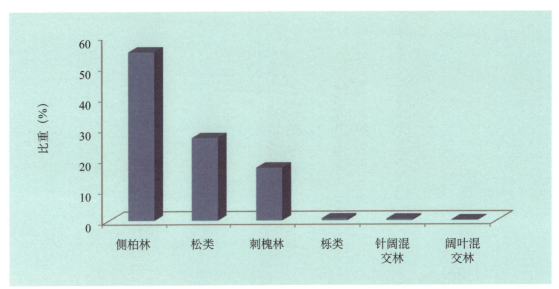

图 4-17 原山林场各优势树种（组）净化大气环境功能排序

生物多样性保育：原山林场各优势树种（组）森林生态系统生物多样性保育功能价值量中，大小排序为侧柏林＞刺槐林＞松类＞栎类＞针阔混交林＞阔叶混交林，其所占比重分别为 46.96%、28.19%、19.62%、2.67%、1.81% 和 0.75%（图 4-18）。

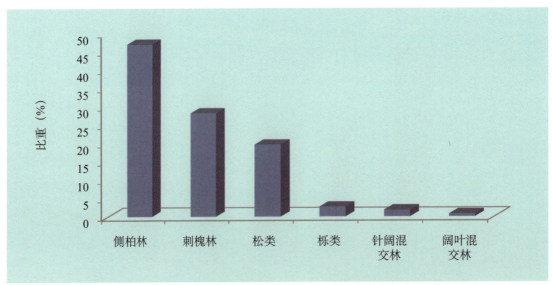

图 4-18 原山林场各优势树种（组）生物多样性保育功能排序

总价值：原山林场各优势树种（组）森林生态系统服务功能总价值量中，大小排序为刺槐林＞侧柏林＞松类＞栎类＞针阔混交林＞阔叶混交林，其所占比重分别为42.19%、33.27%、21.13%、1.79%、1.13%和0.49%（图4-19）。刺槐林、侧柏林、松类是原山林场主要的造林树种，其分布面积较大，生态系统服务功能价值量较高，为全林场森林生态系统服务价值的发挥作出了重要贡献。

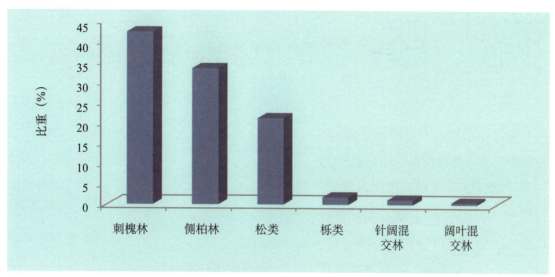

图4-19 原山林场各优势树种（组）服务功能总价值量排序

第五章
山东省淄博市原山林场森林生态系统生态、社会、经济效益综合分析

建设美丽中国、大力推进生态文明建设是当前的主要任务之一。全国人大代表、原山林场党委书记孙建博谈起这个话题时说，加强生态文明建设的重要内容之一是增加"生态产品"，而创造良好的生态环境可创造出一系列的生态产品，如清新的空气、清洁的水源、宜人的气候、舒适的居住环境（摘自《中国绿色时报》2015年01月02日）。今天的原山林场面积4.4万亩，森林覆盖率94.4%。森林茂密、环境优美，文物景观、自然景观丰富，游乐健身场所众多。据测算，原山林场每年吸收1万余吨二氧化碳，释放6000余吨氧气，吸滞6万余吨灰尘，每年接待市民免费游园约百万人次。原山林场不仅成为了鲁中淄博不可或缺的生态屏障，而且还是国家4A级旅游景区、国家级森林公园和首批"中国森林氧吧"。但是，在1957年建场之初原山林场到处是荒山秃岭，森林覆盖率不足2%，几代务林人在极其恶劣的自然和生产条件下（图5-1），披荆斩棘，战天斗地，不仅使座座荒山披上了绿装，而且成为全国林业战线的一面旗帜。

如果没有艰苦创业精神的支撑，一代又一代的林场人不可能从五个困难事业单位聚合成"一起吃苦，一起干活，一起过日子，一起奔小康"的幸福一家人；如果没有艰苦创业精

图 5-1　林场旧貌—原山林场办公地点

神的支撑,原山林场也不可能克服改革发展过程中的各种困难和问题,凝聚起各项事业不断向前发展的强大动力。在1957年建场、到处荒山秃岭的年代需要发扬;在发展多种产业,实行靠市场挣钱养人养林的时期需要发扬;在提前3年建成"道德林场、法治林场、小康林场"的今天更不能丢。不仅如此,原山林场60年如一日在保护森林生态、发展林业产业、传播生态文明、改善职工民生的具体实践中不断为艰苦创业精神赋予新的内涵。真是靠着这种艰苦创业、创新实干的精神,原山林场从一个负债4000多万元的落后林场,发展成总资产10亿元,年收入过亿元的全国"十佳国有林场",其改革创新的经验得到了中央和省、市领导的充分肯定和高度评价,先后被授予"全国创先争优先进基层党组织""全国五一劳动奖状""全国青年文明号""全国扶残助残先进集体""全国十佳国有林场"等荣誉称号(图5-2)。

图5-2 原山林场所获得的部分荣誉

第一节 森林生态系统的生态效益分析

一、原山林场森林生态效益分布特征

原山林场各营林区森林生态效益大小排序为樵岭前营林区＞石炭坞营林区＞岭西营林区＞北峪营林区＞凤凰山营林区＞良庄营林区,其所占比重分别为27.17%、26.24%、23.84%、14.23%、7.29%和1.23%。由此可以看出,樵岭前营林区、石炭坞营林区、岭西营林区森林生态系统服务功能对于整个林场生态系统功能的发挥起着至关重要的作用。

原山林场各优势树种(组)服务功能总价值量中,大小排序为刺槐林＞侧柏林＞松类＞栎类＞针阔混交林＞阔叶混交林,其所占比重分别为42.19%、33.27%、21.13%、1.79%、

1.14% 和 0.48%。刺槐林、侧柏林、松类是原山林场主要的造林树种，其分布面积较大，生态系统服务价值量较高，为全林场森林生态系统服务价值的发挥作出了重要贡献。

二、原山林场森林生态效益特征及其与区域生态需求吻合度

1. 增加了水资源利用量，保证了区域水资源安全

淄博市是一座具有百年工业历史的城市，也是我国严重缺水城市之一，人均水资源可利用量不足全国人均水资源量的1/9（贾希征等，2018）。在所有影响淄博市经济社会发展得重要因素中，水资源短缺问题尤为显著，则实现水资源的可持续利用，如何破解水资源瓶颈制约，成为一项重要任务（王智霖，2013）。根据淄博市统计年鉴（2018）中的相关统计数据，2017年淄博市水资源总量为9.11亿立方米，大型水库2座，总蓄水量为1.01亿立方米。经评估得出：原山林场森林生态系统年调节水量为476.48万吨/年，约占淄博市多年平均地表水资源量的0.52%，但原山林场面积仅占全市国土面积的0.48%，林地面积占全市林地面积的2.78%。同时，原山林场森林生态系统调节水量还相当于全市水库有效库容的1.39%，表明原山林场森林生态系统起到了绿色水库的作用，一定程度上提高了区域内的水资源总量。

2. 降低了水土侵蚀量，维护了区域生活空间安全

淄博市是山东省水土流失严重的地区之一，位于鲁中南中低山丘陵极强度侵蚀区。全市水土流失面积2209.65平方千米，位列山东省第2位，其中水力侵蚀2153.82平方千米，主要分布在沂源、淄川、博山、临淄、张店、周村山丘区，严重影响本地区及边缘地区人民群众的生产生活安全。根据陈向喜等（2009）、杨艳和卢明峰（2012）的相关研究数据计算得出，淄博市土壤水蚀量介于350万～900万吨/年之间。水蚀主要由于全市降水较少且年内分布不均，降雨强度与水土流失危害成正比，在发生强降雨和持续降雨的情况下，南部山区径流极易形成洪水，使切沟、冲沟发育强烈，造成较大的水土流失危害和财产损失，随着水土流失的不断发生，地力也在逐渐的衰退。经评估得出：原山林场森林生态系统固土量为3.43万吨/年，保肥量（氮、磷、钾和有机质）达到了1734.29吨/年，其固土量占全市土壤水力侵蚀量的0.38%～0.98%。由此可以看出，原山林场森林生态系统保育土壤功能对于维护区域国土安全意义重大，对维持区域生态、经济和社会的可持续发展起到了不可忽视的作用。

3. 净化了空气环境，提升了区域森林旅游资源质量

目前我国北方城市大气污染整体高于南方，且近五年重霾污染过程频发，污染强度较重。山东省作为我国的人口大省、能源消费大省，大气污染物总排放量和各大气污染物浓度均处于国内较高水平，尤以陶瓷制造业的大量消耗带来的空气污染最为严重（王琳瑞，2017）。目前，淄博市大气污染十分严重，2015年，二氧化硫排放量18万吨，排放量居全

省第 1 位；工业烟（粉）尘排放量 11 万吨，排放量居全省第 5 位；氮氧化物排放量 12 万吨，排放量居全省第 2 位，空气质量良好天数只 143 天。据淄博市统计年鉴（2018）中的相关统计数据，2016 年淄博市可吸入颗粒物、细颗粒物、二氧化硫年均浓度降低率分别为 13.5%、15.9% 和 31.3%。经评估结果显示，原山林场森林生态系统吸收二氧化硫、吸收氟化物和吸收氮氧化物量分别为 41.13 万千克/年、0.74 万千克/年和 1.57 万千克/年；滞纳 TSP、$PM_{2.5}$ 和 PM_{10} 的物量分别为 6054.45 万千克/年、4.19 万千克/年和 1.00 万千克/年。由此可以看出，原山林场森林生态系统在吸收污染气体和净化大气环境方面的作用重大，对于区域空气环境治理提供了有力的支撑。

随着森林生态旅游的兴起及人们保健意识的增强，空气负离子作为一种重要的森林旅游资源已越来越受到人们的重视，有关空气负离子的评价已成为众多学者的研究内容（钟林生和吴楚材，2004）。经评估得出：原山林场各营林区森林生态系统提供空气负离子量最大的为石炭坞营林区、岭西营林区和樵岭前营林区，分别占总量的 28.77%、24.66% 和 24.09%，其次为北峪营林区，其占比为 13.63%，最小的为凤凰山营林区和良庄营林区，合计所占比重为 8.85%。森林环境中的空气负离子浓度高于城市居民区的空气负离子浓度，人们到森林游憩区旅游的重要目的之一是去那里呼吸清新的空气。从各营林区提供负离子量来看，石炭坞营林区、岭西营林区和樵岭前营林区对于森林康养提供得天独厚的先天条件，具有显著的发展潜力。

4. 实现了绿色减排，减轻了区域工业减排的压力

建设节约型社会，实现可持续发展，是党中央针对中国国情提出的重大决策。淄博市位于山东省中部，是重要的工业城市，其工业以石油化工、医药、建材、纺织、陶瓷、机械冶金等为主导，众多工业使得电力需求不断增加、能源的消耗日益严重，并且环境质量降低，空气污染严重。近年来，淄博市经济总量持续增长，城镇化步伐不断加快，产业结构也呈现逐渐演进的态势，这些变化都伴随着能源消耗增加的可能，以工业作为主导的淄博市将面临着节能减排的严峻压力（陈鑫和李健斌，2009）。冯媛媛（2011）在山东省各地级市工业节能减排的潜力的研究中，把淄博为节能减排列为重点改进对象。由此可以看出，淄博市所面临的工业减排任务十分艰巨。据淄博市统计年鉴（2018）中的相关统计数据，2017 年淄博市能消耗（标准煤）为 3516.97 万吨，利用碳排放转换系数（国家发展与改革委员会能源研究所，2017）换算可知淄博市 2017 年碳排放量为 2629.30 万吨。经评估得出，原山林场森林生态系统固碳量为 2828.63 吨/年，相当于抵消了 2017 年全市碳排放量的 0.01%，这是仅用了占全市林地面积 2.78% 的林地上的森林生态系统来实现的。与工业减排相比，森林固碳投资少、代价低，更具经济可行性和现实操作性。因此，通过森林吸收、固定二氧化碳是实现减排目标的有效途径。

三、原山精神驱动下的森林生态效益分析

原山精神是社会主义核心价值观的生动体现,是务林人献给中华民族的宝贵精神财富。原山林场把培育保护森林资源作为立场之本、生存之本、发展之本,始终坚持生态为重、保护优先、绿色发展,坚定自觉地履行修复保护生态、建设生态文明的重大责任,走出了一条红色文化带动绿色发展的特色道路。

1. 森林资源变化对生态效益的影响

森林生态效益提升的根本在于森林资源的不断增长。许旭等(2015)指出,一定区域内的生态系统服务的总价值是区域内生态系统提供的所有服务功能价值的总和,随区域内生态系统的质量、面积以及类型的变化而变化。同时,森林生态系统服务功能价值随森林覆盖率的提高而增加(朱文德等,2011)。另外,在植被恢复过程中,植被与土壤的生态环境效应及其带来的一系列生态福祉是维持区域可持续发展的关键性因素。植被恢复促进了土壤的恢复和生态系统服务功能的提升;反过来,土壤的恢复和生态系统服务功能的提升有利于植被的重建(杨阳,2019)。植被恢复过程中提升了区域内森林覆盖率、叶面积指数等生态关键指标,对于森林生态系统涵养水源、土壤保持和固碳等服务功能具有明显的促进作用。

原山林场于1957年建场,60年来,原山林场积极响应绿化祖国、建设美丽中国的号召,开展大规模造林运动,一代代原山务林人凿坑种树、石缝扎根,让石漠荒山披上绿装,森林覆盖率由不足2%提升至94.4%,森林面积达4.4万亩,活立木蓄积量19.7万立方米。长期以来,原山林场坚持"以林为本,生态优先,分类经营,持续发展"的办场方针,成为了全国林业战线的一面旗帜和全国国有林场改革的现实样板,生动践行了"绿水青山就是金山银山"理论,在保护森林和野生动植物资源等方面作出了积极贡献。在原山精神的指引下,原山林场把培育保护森林资源作为立场之本、生存之本、发展之本,始终坚持生态为重、保护优先、绿色发展,始终坚定信念信心,大胆开拓创新,积极谋发展、求作为,实现了历史性突破和超越。

建场之初,原山林场生态生存环境差,生产生活条件差。他们坚持立志创业,先治坡、后置窝,先生产、后生活,白手起家艰苦创业;坚持开源节流、勤俭办场,把有限的资源用于发展林业生产;攻坚克难、啃硬骨头,克服立地条件差、造林难度大等许多困难,在石坡上凿坑种树,从悬崖上取水滴灌,移石种绿、石缝植绿。1996年以来,林场实行了造林承包制,造林成活率从不到30%提升到90%以上,场部机关工作人员实行每周三天办公、三天支持一线建设、一天休息的"三三一"工作制,节假日也在一线支持造林营林生产。从2004年开始实施"二次创业",先后制定了四个"三年计划",2016年又确立了提前三年建成现代化林场的目标。原山林场把荒山秃岭变成绿水青山,从单一从事林业生产、在贫困线上挣扎的"要饭林场",发展成为集生态林业、旅游业、文化产业等于一体的企业集团。集团创造的效益全部反哺到森林资源保护和提高职工生活中,坚持林场、集团互补,实现

了"林场保生态、集团创效益、公园创品牌"。

原山林场森林植被的恢复,为森林生态系统生物多样性保护功能提供了物质基础。原山林场森林植被在中国植被区划中为暖温带落叶阔叶林区域—暖温带落叶阔叶林地带—暖温带南部落叶栎林地带—鲁中南山地、丘陵栽培植被,油松林、侧柏林、杂木林小区。目前,原山林场境内有维管植物104科374属730种(含44变种7变型2亚种),其中国家一级、二级、三级保护植物6种,列入《濒危野生动植物国际贸易公约》植物2种,《中国植物红皮书——稀有濒危植物》所列植物3种。同时,原山林场在古树名木保护方面,也做出了积极的努力。据2011年原山林场林木种质资源调查结果,林场境内古树名木种质资源共8科9属9种。其中,保护等级为一级的3株,二级的7株,三级的14株。

森林生态系统游憩功能发挥的主体是森林资源,原山林场森林植被的恢复为开展森林旅游业奠定了坚实的基础。森林旅游是依托森林资源发展起来的,孙建博说到:"林场的优势是林子,要把森林资源变成旅游资源,进而变成旅游商品,拿到市场上卖出去",原山林场始终把发展森林旅游服务业摆在了突出的战略位置。原山旅游以森林为依托,以文化为名片,以娱乐为头条,闯出了一条全新的路子,充分体现了原山人"生态是基础,文化是灵魂"的先进旅游发展思路。原山林场还建成了全国第一家系统展现国有林场艰苦创业、敬业奉献的大型展馆——原山艰苦创业纪念馆。自开馆以来,每年接待全国的学习培训团体约4000个,10万人次。原山林场紧扣"森林生态"主题,相继建成了山东省第一家鸟语林、第一家民俗风情园、第一家山体滑草场……林场先后创建成为国家AAAA级旅游景区、全国森林文化教育基地等,每年接待游客近百万人次。原山林场加强了向创新驱动、多元开放、融合集聚、高端高质的方向转型升级,在现有"吃、住、行、游、购、娱"六要素基础上,积极拓展"商、养、学、闲、情、奇"新旅游六要素,用足用好近60年培育的森林风景资源。同时,森林旅游的发展还促进了原山林场森林资源的保护。据《原山林场志(2006—2016)》记载,由于林场的景点均是依林而建,坚持保护森林资源,不仅提高了森林质量,还优化了森林结构。林场建场之初森林覆盖率是2%,搞旅游之前是84.6%,如今是92.6%,旅游收入得以反哺森林保护。

2. 森林资源保护对生态效益的影响

森林生态系统服务功能的提升,除了森林面积增长的因素外,单位面积功能量的增加也尤为重要。森林生态系统服务单位面积价值量的增长,主要依靠森林质量提升,其途径就是森林资源有效管理,包括:森林抚育、病虫害防治和森林防火等。在森林资源管理过程中,原山人充分体现出了"特别能吃苦、特别能忍耐、特别能战斗、特别能奉献"的精神。由于原山地区土层薄,土壤贫瘠,树木生长往往比较慢,这就对护林工作提出了很高的要求。原山林场的护林员,走的路比别人多,会的技能也比别人多。除了巡山,还要负责为树木祛病增肥,一些个别小问题都在巡山时一并解决。一天下来要走20多千米山路,为了能多巡查有时晚上就在护林小屋中过夜休息。据《原山林场年鉴（2006—2010）》记载：2006—2010年间，共完成幼龄林抚育869公顷，占同期森林资源幼龄林面积的66.40%；完成中龄林、成熟林抚育621公顷，占同期森林资源中龄林、成熟林面积的64.24%。

在森林防火方面，为了确保森林资源安全，在长期的防火实践中，原山林场在严格贯彻执行"预防为主、积极消灭"基本方针的基础上，探索出了"防火就是防人"和"科技防火"的理念，积极有效地保护了森林资源。林场坚定不移地走"绿水青山就是金山银山"绿色生态发展之路，通过"闯市场"争取资金增绿护绿管绿，组建了山东省第一支专业防火队，并配套专业设备和多个物资储备库；建起长青林公墓，将林区内3000多座坟墓迁入，消除了林区内因扫墓烧纸造成的火灾隐患；建设原山山脉大区域防火监控指挥中心，利用雷达探火、视频监控、热成相报警等系统和7个监测机位对林场以及周边近20万亩林区全天候监控；连续为周边60余个镇、村（社区）配备灭火机等物资，并提供相应的技术和人员培训；建立8个瞭望台，瞭望人员常年坚守一线，巡查管护。原山大区域防火的构建，既是一种工作的创新，更是责任担当的体现。大区域防火理念的提出，打破了属地管理的限制，改变了以往森林防火中多头指挥、各自为战的被动局面，形成市、县林业部门、林场及村庄扑救力量多级联动，为应对鲁中地区大的森林火警、火灾搭建了有力的平台（摘自《中国绿色时报》2016年2月3日）。

3. 原山文化对生态效益的影响

生态恢复实践的成功与否，很大程度上决定于人们的自觉性，提高当地干部群众参与生态恢复实践自觉性的重要措施之一就是通过教育（郑昭佩等，2007）。基于对生态环境的贡献程度，参与工作的科研人员比例越高，对生态保护的意识越强，森林受到保护后产生的生态效益会越高（郭慧敏，2016）。长期以来，为弘扬生态文化，原山林场通过多种途径，加强林业生态知识的普及与宣传。通过建立各种教育基地，开展科普教育，普及生态知识，弘扬生态文明，着力打造特色突出、品牌高雅、功能完备、内容丰富的生态文化阵地。建立了中国森林博物馆、淄博鸟展馆、原山鸟语林等一批公益性科普场馆，为人们走进森林、亲近自然搭建了平台。通过林业生态知识的普及与林场建设成就宣传，且每年定期向群众宣传森林防火的重要性、必要性和森林法规，不断提高人民群众的防火意识，提高了林场职工和周边民众对于森林保护的认识，为森林资源的可持续发展提供了保障。"制度管事，文化管人"，经过多年的发展，原山人不仅使座座荒山披上了绿茵，让静态的林场变成了动态的生态旅游圣地，而最主要的是彻底转变了根深蒂固几十年的老林业思想，昔日单纯的护林人变成了现代林业的生态卫士，形成了一支"特别能吃苦、特别能忍耐、特别能战斗、特别能奉献"的干部职工队伍。

据《原山林场志（2006—2016）》记载：2006—2016年，通过淄博市人事局公开招考录用大中专毕业生61人，涉及林学、园林、财会、经济、信息技术等十几个专业，改善了人员结构，提高了专业人才比例。原山林场始终牢固树立以人为本的理念，坚持把职工队伍建设与事业发展紧密结合起来，充分挖掘人力资源潜力，通过加强职工培训，建立职工培训学习制度，全面提升职工的职业素养。同时，广泛调动专业技术人员的积极性和创造性，建设一支专业性强、技术水平高、政治素质过硬的专业技术人才队伍，提高林场经营管理和创新创造的专业化水平，助力林场为守住绿水青山、维护生态安全、保障社会民生、建设生态文明做出更大的贡献。而且，还能够培养出一批接地气、有担当、能实干、善作为、严律己、愿奉献的原山事业接班人，为原山林场后续发展提供坚实的人才支撑。

从荒山秃岭到鲁中地区绿色屏障，从"要饭林场"到全国国有林场改革样板，靠的就是原山人一脉相承的艰苦创业精神。建场60年来，一代又一代原山人牢记使命、艰苦奋斗。在加强管理、推进改革发展的进程中，以党建文化作为林场文化的核心，以发挥共产党员的先锋模范作用和基层党组织的战斗堡垒作用为基点，创造了富有原山特色的林场文化。在全场党员中创新实行"五星级管理"，建成了一支坚强的党员队伍。7月1日，山东原山艰苦创业教育基地正式开馆，将全面、系统呈现原山林场干部职工艰苦创业、改革创新、无私奉献的宝贵精神和林场由弱到强、科学发展的创业历程，该基地已被国家林业局命名为"国家林业局党员干部教育基地"（摘自《中国绿色时报》2016年6月27日）。

第二节　森林生态系统的经济效益分析

森林是原山林场的立场之本，发展旅游业之本；森林也是我们的生存之本，发展之本。作为全国林业战线的一面旗帜，长期以来，原山在推动现代林场改革、大力发展林业产业的同时，坚持"生态优先、产业支撑、文化引领"理念，弘扬森林文化，传播生态理念，促进了人与自然的和谐统一。这正是习近平总书记在党的十九大报告中提到的"人与自然是生命共同体，人类必须尊重自然、顺应自然、保护自然。人类只有遵循自然规律才能有效防止在开发利用自然上走弯路，人类对大自然的伤害最终会伤及人类自身，这是无法抗拒的规律"。自2012年淄博市市委市政府召开专题会议，确定支持原山做大做强、实现3~5年内上市目标以来，原山人在以孙建博书记、高玉红场长为首的领导班子带领下，按照"一家人一起吃苦，一起干活，一起过日子，一起奔小康"的发展理念，发扬"四个特别"原山精神，创新创造性地开展工作，生态林业、生态旅游、旅游地产、旅游服务业（包括工副业）、文化产业这五大产业争奇斗艳，各产业、重点项目遍地开花，谱写了做大做强做优原山事业的华丽篇章。

一、生态林业

党的十八大提出,要把生态文明建设放在突出地位,融入经济建设、政治建设、文化建设、社会建设各方面和全过程,努力建设美丽中国,实现中华民族永续发展,并将生态文明建设写入党章。生态林业在贯彻可持续发展战略中具有重要地位,在生态建设中起到了主体作用,林业建设要为祖国山河披上美丽绿装,为科学发展提供生态屏障。原山依托林场人才、技术优势,于2003年成立了原山绿地花园绿化工程有限公司,具有国家城市园林绿化一级资质,建立了1000多亩的苗木良种基地,并积极对外承揽绿化工程,大力实施以林养林,走出林业产业化的路子。原山林场绿化产业的兴起,是原山人解放思想、创新发展、走出林区搞经营的结果,标志着务林人彻底摆脱了固守山林的传统经营观念。按照"干一项工程,树立一个品牌"的经营理念,严格施工质量,得到了顾客的好评和认可,用实际行动赢得了市场,实现了原山绿化产业大发展的总体要求。经过良好运作,2009年公司对外承揽绿化工程达2000万元,成为了林场发展的又一支柱产业。绿化公司现有职工111人,2016年度承揽绿化工程总额约7900万元,经营业务由原来承揽单一的绿化种植,逐步发展为可提供规划设计、园林绿化、养护美化、广场铺装、苗木产销等综合性服务。

二、生态旅游业

创新是发展的动力。由传统林业到现代森林旅游业,原山创造了一个由第一产业向第三产业直接跨越的成功模式,这种创新探索在理论和实践两个领域都有非常重要的现实意义。

20世纪80年代,和全国大多数林场一样,原山林场经营困难,职工生计难以为继。财政"断奶",限伐"断粮"。作为改革试点单位,整日与大山打交道的原山人开始走出林场走向市场,积极探索以副养林的路子,先后依靠银行贷款上了木工厂、奶牛场、冰糕厂、印刷厂和陶瓷公司等副业产业。截至20世纪90年代,由于国家财政紧缩,原山产业的资金链突然断掉,发展陷入困境。职工3个月开不出工资,此时市里又将濒临绝境的淄博市园艺场划归为原山管理,两个"老大难"外欠债务高达4000多万元。园艺场职工一年多没领到工资,医药费3年未报一分一厘,有的职工交不起水电费,只好在电灯泡下点蜡烛,有的甚至靠卖血供孩子上学。

1996年12月31日,以孙建博担任场长的新一届领导班子上任,在巨大的困难和压力面前,带领林场对下属6家亏损企业坚决关停并转,实行能股份的股份,能租赁的租赁,能买断的买断,使林场有限的资金一下子盘活起来。同时,又多方筹资筹建起了市场前景较好的纸箱厂、工具厂、酒厂、苗圃等。几年下来,林场的副业项目就发展到了十几个,工副业年产值达到5000多万元,不仅还清了外债,还为职工补发了工资,退还了集资,报销了医药费。前所未有的改革,使亏损企业重新焕发了生机,新建的场子迸发出强劲的发展动力。

职工有工作了，吃上饭了，如何让他们过上衣食富足的生活，又成了原山下一步发展的目标。孙建博说："全国有4000多家国有林场，90%的林场都靠国家财政补贴勉强维持生存，我们要不等不靠，要凭借大家的智慧闯出一条新路，不仅要保护好国家的森林资源，还要为国家创造更多的财富。"《国有林场改革方案》明确，推进国有林场改革必须坚决守住保生态、保民生两条底线。坚持生态导向、保护优先；坚持改善民生、保持稳定。在原山林场党委书记孙建博看来，"保生态与保民生是不可分割的，只有林场人的同步小康，才能实现森林生态的有效保护。试想：一个连工资都不能保障的林业工人，哪能看好生态林，又何谈现代化的林业管护？"对此，原山给出的答案是，向前一步，走出林场、走向市场，变林场人为市场人。1997年，原山林场在全省第一家停止了商业性采伐，在保护森林资源的前提下，利用林场搞生态旅游，利用品牌搞林业产业，经过20年的改革发展，一举成为拥有绿化产业、森林旅游、餐饮服务业、旅游地产业、文化产业等五大板块，固定资产10亿元、年收入过亿元的国有企业集团。通过林业产业的大发展，原山在林区防火道路、物资配备、基础项目建设等方面每年都有源源不断的资金投入，形成了林场拿钱购买服务、保护生态的机制。在林业产业方面，原山各产业、各板块显示出了强劲的发展活力，完全形成了"林场保生态、集团促发展、公园创品牌"的科学发展之路，尤其是在森林旅游方面，更是如此，因为生态旅游是原山产业化经营上一颗璀璨的绿色明珠。

原山位于城市近郊，适合搞休闲旅游，依托林场森林资源优势、大力发展森林旅游产业、建设山东省第一家森林乐园的想法。但是，这种想法遭到了职工的反对意见，但林场班子经过详细分析、科学研制，最终力排众议发展旅游。没有资金，便带领职工亲自干（图5-3），大伙儿在工地上搬石头、和水泥、砌石堰……1999年6月1日，我国第一个旅游黄

图 5-3　职工劳动建设

金周到来，由于原山人快人一步，迅速在市场中挣得了第一桶金，全省林业系统的改革现场会在原山召开，各地国有林场负责人都到原山参观学习。

原山人始终快人一步，紧扣森林生态这个主题，又先后创造了"两个全国第一"：第一个得到国务院总理批示的国有林场、第一个以旅游景区命名的市内列车——原山旅游号；"四个全省第一"：第一家森林乐园、第一家鸟语林、第一家民俗风情园、第一家大型山体滑草场；"六个市内第一"：第一个国家级森林公园（图5-4）、第一个AAAA级景区、第一个国家重点风景名胜区、第一个全国青年文明号、第一个山东十大新景点、第一个山东十佳林场。这些年来，原山从输出服务到输出管理，从经营景点到经营品牌，已与多家景点实现了合作，集团拥有4个景区、2处旅游度假区、6家宾馆和一个大型会议中心，被淄博市市民亲切地称作"淄博市的后花园"，原山林场还在提升旅游资源质量上开展相关工作，其中一种方法就是为景区实施功能分区，进行精确定位，例如将如月湖湿地公园园区分为8个功能区（图5-5），分别是出入口区、游览游乐区、野营区、接待服务区、度假生活区、滑雪区、农业观光区、农家乐区。2006~2016年，公园不断调整旅游产业结构，使旅游收入、游客人数保持平稳增长，平均每年接待游客100万人次，年旅游综合收入3500万元左右。

淄博市是著名的齐国故都、聊斋故里和陶瓷名城，历史悠久，旅游景点众多，但是长

图 5-4　原山国家森林公园旅游路线

图 5-5　鸟瞰原山林场的如月湖湿地公园

期以来景点之间各自为战,"星星多月亮少",缺乏在全国叫得响的拳头产品。为了落实市委、市政府关于"坚持高标定位、提振精神、勇于担当、开拓进取"的指示精神,在新常态下推动淄博大旅游实现大发展。2015 年 4 月,原山国家森林公园创造性地提出了"淄博生态文化游"大区域战略格局,将 A 级景区重点旅行社、特色商品、陶瓷琉璃、红色文化、有机农产品等旅游元素有机串联起来,当年便整体接收博山景区 1 家,联合淄博市 A 级景区 10 家、50 家省内重点旅行社,向省内 17 城市游客赠送"淄博生态文化游"一卡通、"博山旅游一卡通"门票 30 万张,总价值超过 6050 万元,一举打破了景区单纯依靠门票经济的藩篱,"淄博生态文化游"品牌价值和对外影响力迅速提升,在有效拉长游客驻留时间的同时,也在空间上使旅游业链条得到了迅速延展。按照世界旅游组织(WTO)的测算,旅游业每投入 1 元,将带动相关产业 4.3 元的社会消费,从 2015 年 4 月底至 11 月短短 7 个月的时间,"淄博生态文化游"为淄博旅游市场带来了几百万的人气,通过来淄博游客的二次消费、三次消费预计带动当地约 2 亿元的总体消费。

三、旅游地产业

旅游地产是原山经济发展中新的支柱和增长极。2013 年 11 月,成立了淄博博山金牌房地产开发有限公司,注册资金 1800 万元,主要从事房地产开发销售;物业管理、房地产咨询服务;绿化园艺工程设计及施工服务;旅游纪念品、土特产销售;旅游项目开发等。原山地产经过近几年的积累经验和规范运作,与集团其他产业齐头并进,经济贡献你追我赶。旅游地产通过依托投资 20 亿六大项目的顺利实施,努力打造成了集团的又一支柱性产业。在物质需求已经富足的今天,人们更渴望生活上的养生和精神上的满足。这就为旅游地产与森林生态的结合提供了契机,原山林场投资建设的如月美庐旅游度假区,采用了我国传统的四合院模式，采山之灵，得水之明，依托山、水、林、泉四位一体的生态资源构筑了一幅独具特色的原山度假梦幻版图，使原山成为山东省内旅游地产的黄金品牌（图5-6）。

图 5-6　如月美庐旅游度假区

淄博原山长青林山庄，分为凤凰山和石炭坞两处墓区。山庄的建立，是适合原山发展特色的一项创新性举措，主要有防火和创收两大功能。凤凰山墓区建立于1997年9月，位于凤凰山景区西卧龙坡，占地14公顷，是博山地区首家生态型公墓。至2015年年底，有6名工作人员。2014年，墓区向南整地扩展，置墓地穴300余个，使划分的小区增至16个，穴位4000余个。同时扩建墓区内的道路，保证各小区之间可以通车，并在新建墓地下方建近百平米的放生池一个，以满足客户需求。

四、旅游服务业

在激烈的旅游市场竞争中原山人意识到，随着旅游产业的发展，单一的旅游观光已经不能满足游客多层次的需求，景点很难有大的突破与发展，必须要促进原山由单纯的观光型景点向休闲度假型转变，并添加了大量的游玩设施（图5-7）。为此，原山林场依据国家假日政策的调整，于2007年率先提出了"四三三"战略发展目标，记载保持旅游总收入不减少的情况下，结构调整为门票收入占40%，餐饮住宿占30%，旅游商品占30%，进一步优化原山旅游产业结构，为原山跨越式发展打下了坚实的基础。近年来，原山在开发生态旅游的同时，不断完善旅游配套设施建设，原山餐饮业从1999年8月原山旅游度假村开业，到拥有了原山旅游宾馆、原山生态园宾馆、原山假日宾馆、原山大厦（图5-8）、贵宾楼，2011年接管淄博颜山宾馆，2012年12月原山大会堂正式投入使用，2014年"五一"期间，装修后的淄博美庐快捷酒店正式营业，2016年5月1日，山东原山艰苦创业教育基地学员公寓正式营业，餐饮服务业实现了一个又一个的大飞跃。通过发挥原山旅游品牌优势，

图 5-7　游客在原山林场森林乐园游玩

图 5-8　原山大厦外貌

加强与旅游景点的合作，原山旅游实现了从经营景点到经营品牌的跨越，也成功完成了由"四三三"向"六三一"的转变，即 60% 住宿餐饮，30% 旅游产品，10% 旅游门票。

餐饮服务公司积极从提升服务质量、控制成本等方面入手，开发符合当地消费市场的产品，出台了一系列符合市场规律的经营方案，使得餐饮服务业收入又上一台阶。

五、文化产业

生态文化的物质基础是森林、湿地、沙漠、野生动植物及其相应的产物。森林是陆地生态系统的主体、人类文明的摇篮，在生态文化建设中有着举足轻重的作用。国有林场作为国家重要的林业生产基地、区域森林生态系统的主体或骨架、全国重要生态旅游区的自然历史保护地、广大城乡林业建设的示范点，在生态文化建设中可以大有作为。近年来，原山林场在二次创业的指引下，加快林业建设和经济发展，构建百年和谐林场，深入挖掘生态文化资源，对生态文化建设进行了有益的实践与探索，林场的林业生态体系、林业产业体系和生态文化体系初步建立，实现了三个体系相互依存、相互促进、共同发展。

近几年，随着原山林场在加强森林生态资源保护，深化现代国有林场改革的同时，不断强化生态文化建设，使文化产业发展成为原山的重要支柱产业。通过文化的引领作用，推动原山各项事业不断向前发展。2013年9月，山东淄博原山集团下属的翰墨艺术文化传播股份有限公司正式在齐鲁股权托管交易中心挂牌上市，这标志着原山在国有林场改制上市的道路上又迈出了坚实的一步。更为重要的是，在当前中央着力推进国有林场改革试点的背景下，原山林场在全国现代林业发展中再次树立了深化改革的良好示范。文化板块的上市，是原山深化改革的重要体现，原山事业的发展又将迈上一个新的台阶，原山职工的生活也将开启新的篇章。

从荒山秃岭到鲁中地区绿色屏障，从"要饭林场"到全国国有林场改革样板，靠的就是原山人一脉相承的艰苦创业精神。建场60年来，一代又一代原山人牢记使命、艰苦奋斗。在加强管理、推进改革发展的进程中，以党建文化作为林场文化的核心，以发挥共产党员的先锋模范作用和基层党组织的战斗堡垒作用为基点，创造了富有原山特色的林场文化。在全场党员中创新实行"五星级管理"，建成了一支坚强的党员队伍。2016年7月1日，山东原山艰苦创业教育基地正式开馆，将全面、系统呈现原山林场干部职工艰苦创业、改革创新、无私奉献的宝贵精神和林场由弱到强、科学发展的创业历程，该基地已被国家林业局命名为"国家林业局党员干部教育基地"（摘自《中国绿色时报》2016年6月27日）。

第三节　森林生态系统的社会效益分析

一、国有林场改革的旗帜

国有林场是我国生态修复和建设的重要力量，是维护国家生态安全最重要的基础设施，在大规模造林绿化和森林资源经营管理工作中取得了巨大成就，为保护国家生态安全、提升人民生态福祉、促进绿色发展、应对气候变化发挥了重要作用。但长期以来，国有林场功能定位不清、管理体制不顺、经营机制不活、支持政策不健全，林场可持续发展面临严峻挑战。党的十九大报告提出，必须树立和践行"绿水青山就是金山银山"的理念。原山林场克服种种困难，在几代林场人的"绿色接力"中，历经60载"点石成金"：从森林覆盖率不足2%的石头山，出落成漫山苍翠的林海；从负债4000多万元的"要饭林场"，壮大为五大产业板块支撑的金山银山。原山林场是国有林场改革的一面旗帜，走在了改革的前列，依托林业、发展副业，大力发展旅游业，实现了林业、林业产业相互促进，协调发展的目的。原山林场的实践证明，通过改革，加快了国有林场的发展，总结探索出了一套可借鉴的改革发展模式。

全面贯彻落实党的十八大和十八届三中、四中全会精神，深入实施以生态建设为主的林业发展战略，以发挥国有林区生态功能和建设国家木材战略储备基地为导向，以厘清中央与地方、政府与企业各方面关系为主线，积极推进政事企分开，健全森林资源监管体制，创新资源管护方式，完善支持政策体系，建立有利于保护和发展森林资源、有利于改善生态和民生、有利于增强林业发展活力的国有林区新体制，加快林区经济转型，促进林区森林资源逐步恢复和稳定增长，推动林业发展模式由木材生产为主转变为生态修复和建设为主、由利用森林获取经济利益为主转变为保护森林提供生态服务为主，为建设生态文明和美丽中国、实现中华民族永续发展提供生态保障。

原山林场成立于1957年，60年来特别是改革开放以来，林场艰苦奋斗，锐意进取，率先走出了一条保护和培育森林资源、实施林业产业化发展的新路，取得了生态建设和林业产业的双赢（图5-9），实现了从荒山秃岭、穷山恶水到绿水青山、金山银山的美丽蜕变。目前，原山林场森林覆盖率达到94.4%，森林蓄积量19.7万立方米。在国有林场改革中，原山林场被确定为公益一类事业单位，实行事企分开、一场两制，组建了集生态林业、生态旅游、餐饮服务、旅游地产和文化产业五大板块于一体的企业集团，拥有固定资产10多亿元、年收入过亿元、职工年均工资超过7万元，闯出了一条林场保生态、集团创效益、公园创品牌的高质量发展之路。

原山林场党委书记孙建博曾说到：国有林场在我国的生态体系建设中起到生态支撑、生

图5-9　山坡上一批新树苗壮成长

态平衡、绿色产业发展、生态产业发展的作用,发展林业产业是促进林场经济结构调整、增加林业就业机会、增加林场收入的必然选择。当前,国有林场生态林业发展中存在着产业发展单一、竞争性不足、科技含量低、集约化程度低等问题。为了增强国有林场活力,应该鼓励国有林场做大做强生态林业产业和产品。孙建博建议,研究出台相关政策,发挥国有林场的自身优势,对国有林场做大做强生态林业产业、产品进行扶持。坚持因地制宜,依托国有林场丰富的自然资源优势,以市场为导向,以项目为载体,谋划产业发展布局,打造集群化的生态林业产业聚集区,围绕森林资源综合利用,发展生态林业产业。

保护生态、保障职工生活是国有林场改革的两大目标,改革要坚决守住保生态、保民生的底线,坚决守住森林资源不破坏、国有资产不流失的红线和高压线。国有林场改革不同于集体林权制度改革,不能分林到户,不能卖林子,在改革中生态林只能增加,不能有任何减少。按照"内部消化为主,多渠道解决就业"和"以人为本,确保稳定"的原则妥善安置富余职工,不采取强制性买断方式,不搞一次性下岗分流,确保职工基本生活有保障(图 5-10)。主要通过以下途径进行安置:一是通过购买服务方式从事森林管护抚育;二是由林场提供林业特色产业等工作岗位逐步过渡到退休;三是加强有针对性的职业技能培训,鼓励和引导部分职工转岗就业。将全部富余职工按照规定纳入城镇职工社会保险范畴,平稳过渡、合理衔接,确保职工退休后生活有保障。有关部门要加强沟通,密切配合,按照职能分工抓紧制定和完善社会保障、化解债务、职工住房等一系列支持政策。盘活"绿色资本"让"护绿"更可持续,原山林场党委书记孙建博告诉中新社记者,20 世纪 80 年代,由于财政"断奶"、限伐"断粮",林场被迫走向市场"求生",开始探索保生态与闯市

图 5-10　原山林场职工生活区

场"两条腿"走路。面对困难,全场上下坚定了"千难万难,相信党依靠党就不难"的信念,顶着巨大压力,果断关停并转下属6家困难企业。针对体制不顺、机制不活等问题,成立了国有原山集团,建立了原山林场、原山集团、原山国家森林公园"三块牌子、一套班子"的管理体系,形成了林场保生态、集团创效益、公园创品牌的格局(摘自《中国绿色时报》2017年12月29日)。这个一度负债4000多万元的"要饭林场",靠这片"绿色资产"变成如今产值逾10亿元的"金山银山",成为山东林场改革的样板。孙建博透露,改革以来,林场"活"了,山更绿了,"定岗定人定责"的机制提高了员工植树造林、防火护林积极性,林业产业化之路也让"林场人"更富了。集团效益反哺林场,林场防护体系提档升级,做到了"不砍树也致富"。

通过创新国有林场管理体制、多渠道加大对林场基础设施的投入,切实改善职工的生产生活条件。拓宽职工就业渠道,完善社会保障机制,使职工就业有着落、基本生活有保障。原山林场深化改革20年的突出贡献在于,彻底打破了昔日落后局面,在工资、住房、教育、交通等方面让林场人过上了与社会人同步的幸福生活,职工年最低收入由1996年的0.4万元增长到2015年4.8万元,家庭私家车拥有数超过50%。从1997年开始,原山林场按照定岗定职定责的原则,成立了原山集团股份制国有公司,形成了林场保生态、集团创效益、公园创品牌的格局,努力发展五大产业,安排林场富余人员,同时解决职工家属、子女就业问题。实行老人老办法,新人新办法。所谓老人老办法,即原来的身份不变,离退休按原身份办理,工作到现在的原山集团工作。新人新办法,即所有招收的新员工,无论社会招收还是职工家属子女,都按照合同制企业职工进行招聘和用人安排。现在,原山集团约2/3是事业编制,今后事业编人员只减不增。到2020年,通过"用时间换空间",事业编制人员自然减到文件规定目标。届时,随着事业的发展,集团有望为社会增加近千人的就业岗位(摘自《中国绿色时报》2016年10月21日)。

国有林场公益林日常管护要引入市场机制,通过合同、委托等方式面向社会购买服务。在保持林场生态系统完整性和稳定性的前提下,按照科学规划原则,鼓励社会资本、林场职工发展森林旅游等特色产业,有效盘活森林资源。近年来,原山进一步优化林场产业结构,推进发展方式转变。为进一步建设现代林场,原山还与各大院校和林业科研机构开展合作,建立了院士工作站、花卉苗木研发中心等。从负债4000多万元到今天的固定资产10多亿元,原山多元化旅游经营格局正在形成。原山林场党委书记孙建博提到:一定要牢固树立绿水青山就是金山银山的理念。只有这样,才能走一条绿色发展、低碳发展的道路,才能实现可持续发展。原山深化改革20年的突出贡献在于,通过大力发展林业产业,采取集团购买服务的方式,每年有至少上千万的资金投入到植树造林、森林防火和生态管护中,保住了原山生态林这个根本。营林面积从1996年的40588亩增长到2015年的44025.9亩,净增3437.9亩;活立木蓄积量由80683立方米增加到197443立方米,净增116760立方米;

图 5-11　山东淄博原山林场防火护林员在原山国家森林公园巡山护林

森林覆盖率由 82.39% 提高到 94.4%；林区内连续 20 年实现零火灾（图 5-11）。

加强国有林场人才队伍建设，参照支持西部和艰苦边远地区发展相关政策，引进国有林场发展急需的管理和技术人才。建立公开公平、竞争择优的用人机制，营造良好的人才发展环境。适当放宽艰苦地区国有林场专业技术职务评聘条件，适当提高国有林场林业技能岗位结构比例，改善人员结构。加强国有林场领导班子建设，加大林场职工培训力度，提高国有林场人员综合素质和业务能力。现在，原山林场打破了大锅饭、铁饭碗，没有工人和干部之分，能者上，庸者下。无论事业编人员，还是企业编人员，大家都享受同样的待遇，工资、福利等都执行一个标准。"我们的工资都是一样的，实行岗位工资。干什么活，拿什么钱，我们都是'一家人'。一家人就要一起吃苦、一起干活、一起过日子、一起奔小康，一起为国家做贡献。""原山"走过了从"百把镐头百张锨，一辆马车屋漏天"白手起家，到走向市场求生存、求发展艰辛探索，再到今天生态美、职工富"两翼齐飞"的重要历程。几代原山人始终不忘初心，矢志改革，艰苦创业，完成了从荒山秃岭到绿水青山，再到金山银山的美丽嬗变。更为可贵的是，原山林场不仅率先实现了山绿、场活、业兴、林强、人富的发展目标，而且为处于改革风口的全国 4855 家国有林场提供了可学习、可借鉴、可复制的现实样板（摘自《中国绿色时报》2017 年 12 月 29 日）。

20 年来，新一届林场领导班子在林场负债达 4000 多万元的情况下接过大旗，深化改革，砥砺奋进，在《国有林场改革方案》尚未出台、改革没有任何经验可借鉴的前提下，直面困难，不等不靠，主动作为，团结带领全场职工闯出了一条林场保生态、集团创效益、公园创品牌的科学发展之路，将一个名不见经传的国有小林场发展成为拥有固定资产 10 亿元、年收入过亿元的集团，成为全国林业战线的一面旗帜，时任国务院总理温家宝专门做出批示:"山东原山林场的改革道路值得重视,国家林业局可派人调查研究,总结经验,供其他国有林场改革所借鉴"。时任国务院副总理回良玉到"原山"视察,为原山人开启了全面深化改革、跨越式大发展的历史新阶段。原山林场之所以能够走在时代前列、勇立改革潮头、能够成为全国国有林场改革发展的排头兵,靠的是林场班子艰苦创业、改革创新、以德治场的优良传统,靠的是干部职工对党忠诚、无私奉献、勤恳务实的进取精神,同时也离不开林场带头人孙建博同志使命至上、勇于担当、自强不息的突出贡献(图5-12)。站在新的起点,原山林场要继续坚持精神引领,当好旗帜;要继续干事创业,树好榜样;要创新体制机制,做好示范。当前,国有林场改革进入深水期,要进一步深化改革,着力谋划发展,重点要解决好发展动力、后劲和机制问题。

图 5-12 孙建博在一线指导工作

2017年12月14日,国家林业局局长张建龙到原山林场检查森林防火并参观艰苦创业纪念馆时指出:原山林场和塞罕坝林场一样,是我国国有林场的先进典型。中国特色社会主义进入新时代,更需要林业干部职工在以习近平同志为核心的党中央坚强领导下,不忘初心,牢记使命,继续发扬艰苦奋斗、无私奉献的优良传统,加大植树造林力度,加强森林资源保护,为广大人民群众提供更多更好生态产品,为建设生态文明、美丽中国作出新的更大贡献。

二、红色教育基地

山东原山艰苦创业教育基地(图5-13)位于博山区八陡镇,规划占地面积7500平方米,配套多个现场教学点,建有可容纳1000名学员、食宿一体化的学员公寓。基地配套原山艰苦创业纪念馆、原山党性体检馆、大熊猫馆、生态环境检查室、森林乐园、护林石屋、原

图 5-13 基地建设

山山脉大区域和森林防火体系等二十多个现场教学点。基地现已挂牌国家林业和草原局党员干部教育基地、国家林业和草原局党校现场教学基地、全国国有林场场长培训基地、国家生态文化教育基地、山东省委党校现场教学基地等。基地以"艰苦创业"和"生态文明"为主题,集教、学、研、展为一体,展示原山林场 60 多年来的创业历程,并用鲜活的事例诠释了"原山精神"。原山林场用了 20 年时间,实现了质的飞跃,从精神内涵到管理经验都为我们提供了学习的榜样,其中最为关键问题,就是原山林场班子成员,特别是书记孙建博带头创业,敢于拼搏进取的精神,更值得我们好好学习。要统一思想,继续苦干实干。要提高组织力,把班子成员思想统一起来,形成心往一处想,劲往一处使的凝聚力,带领职工群众干事创业;要发挥党员干部的能动性,时刻牢记我们是共产党员,共产党员是我们的身份,这种身份是激励我们敢于探索的动力源泉,也是我们敢于创业的法宝。要学以致用,把握大局方向。要把习近平总书记的"两山论"牢记心中,指导我们的发展方向。要用习近平新时代中国特色社会主义思想武装脑头,学习十九大精神,提高党员干部自身的工作能力。参与培训的人员认为,要将学习和实践相结合,学原山艰苦创业精神,总结提炼,探索适合自己的发展思路。要突出特点,加强阵地建设,进一步打造党建阵地,建设党建主题公园,夯实党建基础,引领管护区经济转型发展。

2016 年 7 月,山东原山艰苦创业教育基地正式投入使用,年接待参观人数约 10 万人次(图 5-14)。2019 年 5 月 22 日,国家林业和草原局管理干部学院原山分院、中共国家林业和草原局党校原山分校成功挂牌,同年 7 月 19 日,培训教材《绿水青山就是金山银山》发布座谈会在北京召开。党的十九大胜利召开以来,基地一班人秉承"新时代新气象新作为"的理念,对基地进行全面提升,更好地发挥示范和教育作用。

第五章　山东省淄博市原山林场森林生态系统生态、社会、经济效益综合分析

图 5-14　高玉红场长陪同山东省委副书记、省长龚正参观艰苦创业纪念馆

山东原山艰苦创业纪念馆是全国第一家系统展现国有林场艰苦创业、改革发展、敬业奉献的大型展馆。纪念馆内"艰辛探索 石缝扎根""困境重生 迎风成林""创业不息 春风更劲""精神高地 山林长青""亲切关怀 情暖原山"5个展厅，再现了半个多世纪以来原山人的艰苦创业历程，同时也是原山人自己的一面镜子，时刻警醒自己，不忘初心，继续前进，用红色文化带来了绿色发展。

"传承红色、共建绿色、坚守本色"是原山人艰苦创业的执著追寻。原山人以发挥共产党员的先锋模范作用和基层党组织的战斗堡垒作用为基点，凝聚起原山干事创业的强大动力。让全场党员干部铭刻在心的是"千难万难，相信党、依靠党就不难""作为一名共产党员，对党最好的报答就是守护好这片林子，让职工过上更好的日子，让老百姓生活的环境越来越好""全场185名党员人人都是旗帜和标杆"。这就是原山共产党员迎难而上、攻坚克难、再立新功作风的真实写照（摘自《中国绿色时报》2018年08月01日）。

在山东省庆祝改革开放40周年感动山东人物和最具影响力事件名单中，原山林场党委书记孙建博荣膺山东省庆祝改革开放40周年感动山东人物称号，原山林场被树为全国改革样板入选山东省庆祝改革开放40周年最具影响力事件，2019年孙建博同时还获得"齐鲁模范"的荣誉称号（图5-15），中共山东省委办公厅、山东省人民政府办公厅发布了《关于向改革开放杰出贡献人员学习的通知》，旨在深入贯彻落实中央决定精神，大力弘扬敢闯敢试、敢为人先的改革精神，进一步激发全省广大干部群众学习先模、锐意改革、勇于创新、干事创业的热情。为贯彻落实上级文件要求，向各机关企事业单位开展学习活动提供学习内容和学习资料。根据需求，原山推出学习孙建博同志和原山林场先进典型事迹系列教材。

据统计，山东原山艰苦创业教育基地年接待约6万人次（2018年），参观者无不深受

图 5-15 齐鲁时代楷模——孙建博

教育,从中得到了灵魂的净化、党性的锤炼,学习原山人坚持不忘初心,艰苦奋斗的精神,牢固树立扎根林业、无私奉献的伟大志向,不断锤炼工作的定力、韧力和魄力,正确处理得与失、奉献与索取、个人利益与整体利益的关系,努力创造无愧于时代的工作业绩。

第四节 森林生态系统三大效益综合分析

"森林是我们的立场之本,也是我们的发展之本,保护好这片生态林是我们对全市人民的保证。"孙建博同志带领原山林场坚持把生态保护作为立场之本,狠抓植树造林、抚育管理、护林防火(图5-16)和森林病虫害防治等工作,积极保护和发展森林资源,林场的生态效益得到有效释放。1996年12月孙建博就任林场场长后,新的领导班子做出了"跳出林场办林场","坚定不移地走多种经营、以副养林的路子"的决定,提出了"围绕主业,发展副业,重点实现旅游业突破"的经营思路。林场领导干部走在林场工作的第一线(图5-17),经过不懈努力,原山林场经营面积由1996年的40588亩增加到2014年的44025.9亩,净增3437.9亩。活力木蓄积量由80683立方米增长到了197443立方米,净增116760立方米,森林覆盖率由82.39%增加到94.4%。原山林场通过租赁、合作利用周边荒山、坡地实施造林2万亩,短短20年间相当于再造了一个新原山。

原山林场坚持"以副养林、以林养林"的发展之路。森林资源是生态产品产生的物质载体,这些生态产品包括涵养水源、保育土壤、固碳释氧、净化大气环境和生物多样性保护等生态系统服务功能。原山林场通过森林资源的增长和森林资源的保护,使其提供生态

图 5-16 孙建博关注森林防火情况

图 5-17 高玉红场长一线检查指导工作

产品能力不断提升，为原山林场开展森林旅游等林业产业提供了物质基础。林业产业的大发展，不仅改善职工生活，使得职工全身心的投入到林场生态建设方面，另外，林业产业的收入反哺林业，保证了造林和森林资源等方面每年都有源源不断的资金投入。即让森林长叶子，又让林场"生票子"，原山林场放大了林业产业格局，发挥了森林资源的无限可能。改革的路子千万条，"生态"二字坚决不能动摇，即便顶着千万元外债和强大舆论压力，原山林场也没有砍过一棵树。就这样，原山林场在保护好生态林的基础上，走上了"依托林场办林场，走向市场办林场"的道路，按照全面市场来经营林场，关停并转亏损企业，全面整合林场项目，能股份不集体，能私营不公有，能买断不股份，靠资本运营提高效益，把项目全面推向市场。林场建成后不断探索改革，实行"一场两制"，取得生态建设和林业产业的双赢，让负债林场变成国有林场改革的现实样板。

原山林场从弱到强的发展历程，不仅是原山人的艰苦创业史，更是原山精神的发展史。1996年以来，新一届林场领导班子在林场负债达4000多万元的情况下接过大旗，深化改革，砥砺奋进，坚持"生态优先、产业支撑、文化引领"理念，弘扬森林文化，传播生态理念，促进了人与自然的和谐统一（图5-18）。在孙建博的带领下，原山集团自加压力，"二次创业"，打造了独具特色的休闲度假旅游、绿色产业、生态产业和文化产业，将一个名不见经传的国有小林场发展成为拥有固定资产10亿元、年收入过亿元的集团，成为全国林业战线的一面旗帜。对于原山建场60年和深化改革20年的发展成就，有人曾评价：原山精神不只是"原山"的，更应该是全国国有林场和林场职工的，"原山"引领和影响着全国国有林场的改革发展。"原山"精神的教育作用、"原山"成就的鼓舞作用、"原山"典型的引领作用、"原山"平台的培训作用、"原山"发展的宣传作用以及孙建博作为时代先锋的引领作用，都为全国国有林场的改革发展作出了巨大贡献。

图5-18　原山林场浴火重生，生动诠释了"绿水青山就是金山银山"

从荒山秃岭到绿水青山再到金山银山，原山林场发展经历了从盼温饱到赞环保的转变，生动诠释了"绿水青山就是金山银山"。原山人按照"一家人一起吃苦，一起干活，一起过日子，一起奔小康"的发展理念，发展"四个特别"的原山精神，原山林场实现了"道德林场，法治林场，小康林场"的奋斗目标。60年的披荆斩棘、泣血改革、浴火重生，昔日这片不毛荒石地变成了绿色、幸福的金山银山，谱写了做大做强做优原山事业的华丽篇章。

参考文献

《原山林场志》编纂委员会. 原山林场志（2006—2016）[M].

蔡炳华, 王兵, 等. 2014. 黑龙江省森林与湿地生态系统服务功能研究[M]. 哈尔滨：东北林业大学出版社.

陈向喜, 唐玲, 张玉江. 2009. 淄博市土壤侵蚀格局与发展动态[J]. 山东水利, (Z2):48-49+52.

陈鑫, 李健斌. 2009. 区域节能前景分析——基于山东淄博的实证研究[J]. 河北北方学院学报（自然科学版）, 25(01):75-79+82.

陈战军, 卢明峰, 杨艳. 2012. 生态修复技术在淄河治理中的应用和探讨[J]. 中国水利, (22):44-45+48.

房瑶瑶, 王兵, 牛香. 2015. 陕西省关中地区主要造林树种大气颗粒物滞纳特征[J]. 生态学杂志, 34(6):1516-1522.

房瑶瑶. 2015. 森林调控空气颗粒物功能及其与叶片微观结构关系的研究——以陕西省关中地区森林为例[D]. 北京：中国林业科学研究院.

冯媛媛. 2011. 山东省工业节能减排效率评价模型构建及研究[D]. 青岛：中国海洋大学.

郭浩, 王兵, 马向前, 等. 2008. 中国油松林生态服务功能评估[J]. 中国科学（C辑）, 38(6):565-572.

郭慧. 2014. 森林生态系统长期定位观测台站布局体系研究[D]. 北京：中国林业科学研究院.

郭慧敏. 2016. 区域森林生态建设贡献及补偿方法研究[D]. 北京：北京林业大学.

国家发展和改革委员会能源研究所. 2003. 中国可持续发展能源暨碳排放情景分析.

国家发展与改革委员会能源研究所（原：国家计委能源所）. 1999. 能源基础数据汇编（1999）[G].16.

国家环保部. 2002, 2011. 中国环境统计年报 2002、2011[M]. 北京：中国统计出版社.

国家林业局. 2003. 森林生态系统定位观测指标体系 (LY/T1606—2003)[S]. 4-9.

国家林业局. 2004. 国家森林资源连续清查技术规定[S]. 5-51.

国家林业局. 2005. 森林生态系统定位研究站建设技术要求 (LY/T1626—2005)[M]. 北京：中国标准出版社, 6-16.

国家林业局. 2007a. 干旱半干旱区森林生态系统定位监测指标体系 (LY/T1688—2007)[M]. 北京：中国标准出版社, 3-9.

国家林业局. 2007b. 暖温带森林生态系统定位观测指标体系 (LY/T1689—2007) [M]. 北京：中国标准出版社, 3-9.

国家林业局. 2008a. 国家林业局陆地生态系统定位研究网络中长期发展规划 (2008—2020 年)[M]. 北京：中国标准出版社, 62-63.

国家林业局. 2008b. 寒温带森林生态系统定位观测指标体系 (LY/T1722—2008)[M]. 北京：中国标准出版社, 1-8.

国家林业局. 2008c. 森林生态系统服务功能评估规范 (LY/T1721—2008)[M]. 北京：中国标准出版社, 3-6.

国家林业局. 2010a. 森林生态系统定位研究站数据管理规范 (LY/T1872—2010)[M]. 北京：中国标准出版社, 3-6.

国家林业局. 2010b. 森林生态站数字化建设技术规范 (LY/T1873—2010)[M]. 北京：中国标准出版社, 3-7.

国家林业局. 2011. 森林生态系统长期定位观测方法 (LY/T 1952—2011)[M]. 北京：中国标准出版社, 1-121.

国家林业局. 2015. 退耕还林工程生态效益监测评估国家报告 (2014)[M]. 北京：中国林业出版社.

国家统计局. 2016. 中国统计年鉴 2016 [M]. 北京：中国统计出版社.

贾希征, 张振华, 李建章. 2018. 山东淄博七大举措建设节水型社会[M]. 中国水利, (24):178-181.

李少宁, 王兵, 郭浩, 等. 2007. 大岗山森林生态系统服务功能及其价值评估 [J]. 中国水土保持科学, 5(6):58-64.

刘佳佳. 2018. 基于可持续发展的淄博工业城市转型研究 [D]. 曲阜：曲阜师范大学.

牛香, 宋庆丰, 王兵, 等. 2013. 黑龙江省森林生态系统服务功能 [J]. 东北林业大学学报, 41(8): 36-41.

牛香, 王兵. 2012. 基于分布式测算方法的福建省森林生态系统服务功能评估 [J]. 中国水土保持科学, 10(2): 36-43.

牛香. 2012. 森林生态效益分布式测算及其定量化补偿研究——以广东和辽宁省为例 [D]. 北京：北京林业大学.

潘勇军. 2013. 基于生态GDP核算的生态文明评价体系构建 [D]. 北京：中国林业科学研究院.

任军, 宋庆丰, 山广茂, 等. 2016. 黑龙江省森林生态连清与生态系统服务研究 [M]. 北京：中国林业出版社.

孙建博. 改革永远在路上——原山一个国有林场的转型样本[M].

高红玉. 学习手册——山东原山艰苦创业教育基地[M].

绿水青山就是金山银山——原山林场建场60周年图片回顾展.

李新泰. 2017. 淄博市原山林场——新时期艰苦创业的典范[M]. 北京：中共中央党校出版社.

宋庆丰. 2015. 中国近40年森林资源变迁动态对生态功能的影响研究[M]. 北京：中国林业科学研究院.

宋庆丰. 2015. 中国近40年森林资源变迁动态对生态功能的影响研究[M]. 北京：中国林业科学研究院.

苏志尧. 1999. 植物特有现象的量化[J]. 华南农业大学学报，20(1):92-96.

唐玲，陈向喜，张斌. 2010. 淄博市水资源开发利用的问题及保护对策[J]. 山东水利,3:50-51.

王兵，丁访军. 2010. 森林生态系统长期定位观测标准体系构建[J]. 北京林业大学学报.32 (6): 141-145.

王兵，丁访军. 2012. 森林生态系统长期定位研究标准体系[M]. 北京：中国林业出版社.

王兵，鲁绍伟. 2009. 中国经济林生态系统服务价值评估[J]. 应用生态学报，20(2):417-425.

王兵，宋庆丰. 2012. 森林生态系统物种多样性保育价值评估方法[J]. 北京林业大学学报，34(2):157-160.

王兵，魏江生，胡文. 2011. 中国灌木林—经济林—竹林的生态系统服务功能评估[J]. 生态学报，31(7):1936-1945.

王兵. 2015. 森林生态连清技术体系构建与应用[J]. 北京林业大学学报，37(1):1-8.

王盼秋. 淄博市水资源与经济状况分析及利用对策. 宁夏回族自治区水利厅、国际水生态安全中国委员会.2016中国(宁夏)国际水资源高效利用论坛论文集. 宁夏回族自治区水利厅、国际水生态安全中国委员会：北京沃特咨询有限公司,2016:4.

王晓学，沈会涛，李叙勇，等. 2013. 森林水源涵养功能的多尺度内涵、过程及计量方法[J]. 生态学报,33(4):1019-1030.

王延成. 2010. 原山林场改革发展探索与研究[J]. 国家林业局管理干部学院学报,9(02):12-14.

王智霖. 2013. 淄博市水资源可持续利用状况及对策研究[D]. 天津：天津大学.

夏尚光，牛香，苏守香，等. 2016. 安徽省森林生态连清与生态系统服务研究[M]. 北京：中国林业出版社.

许旭，任斐鹏，韩念龙. 2015. 2000-2009年河北省生态系统服务价值时空动态遥感监测[J]. 国土资源遥感,27(1): 187-193.

杨艳, 卢明锋. 2012. 淄博市水土流失现状与对策分析 [J]. 山东水利, 9:65-66+69.

杨阳. 2019. 黄土高原典型小流域植被与土壤恢复特征及生态系统服务功能评估 [D]. 西安: 西北农林科技科学大学.

余新晓, 秦永胜, 陈丽华, 等. 2002. 北京山地森林生态系统服务功能及其价值初步研究 [J]. 生态学报, 22(5):627-630.

原山林场. 2010. 原山林场年鉴（2006—2010）[M]. 北京: 中国出版社.

张超, 任建兰. 2012. 山东省能源消费 CO_2 排放及驱动因素分析 [J]. 水电能源科学, 30(02):211-214.

张盼, 陈艳芳, 毕玉晓. 2016. 淄博市北峪小流域治理中的生态景观设计 [J]. 中国水利, 14:53-54.

张维康. 2016. 北京市主要树种滞纳空气颗粒物功能研究 [J]. 北京: 北京林业大学.

张永利, 杨锋伟, 王兵, 等. 2010. 中国森林生态系统服务功能研究 [M]. 北京: 科学出版社.

郑昭佩, 张敏, 阮振宇, 等. 2007. 济南市南部山区退化生态系统恢复对策 [J]. 山东师范大学学报(自然科学版), 22(4): 90-92.

中国国家标准化管理委员会. 2008. 综合能耗计算通则（GB2589—2008）[M]. 北京: 中国标准出版社.

中国森林生态系统定位研究网络. 2007. 河南省森林生态系统服务功能及其效益评估 [R].

中国森林生态系统定位研究网络. 2012. 吉林省森林生态系统服务功能及其效益评估 [R].

中国森林资源核算及纳入绿色 GDP 研究项目组. 2004. 绿色国民经济框架下的中国森林资源核算研究 [M]. 北京: 中国林业出版社.

中国森林资源核算研究项目组. 2015. 生态文明制度构建中的中国森林资源核算研究 [M]. 北京: 中国林业出版社.

中国生物多样性研究报告编写组. 1998. 中国生物多样性国情研究报告 [M]. 北京: 中国环境科学出版社.

中华人民共和国水利部. 2014 年中国水土保持公报 [R].

中华人民共和国水利部. 2014. 2014 年中国水土保持公报 [R].

中华人民共和国统计局, 城市社会经济调查司. 2014. 中国城市统计年鉴 2013 [M]. 北京: 中国统计出版社.

中华人民共和国统计局, 城市社会经济调查司. 2015. 中国城市统计年鉴 2014 [M]. 北京: 中国统计出版社.

周冰冰. 2000. 北京市森林资源价值 [M]. 北京: 中国林业出版社.

朱文德, 陈锦, 魏天兴. 2011. 北京市生态系统服务价值时间变化和区域差异分析 [J]. 林业调查规划, 36(2): 38-42.

淄博市统计局. 淄博市统计年鉴（2018）[M]. 北京：统计出版社.

Bellassen V, Viovy N, Luyssaert S, et al.2011. Reconstruction and attribution of the carbon sink of European forests between 1950 and 2000 [J]. Global Change Biology,17(11): 3274-3292.

Carroll C, Halpin M, Burger P, et al. 1997.The effect of crop type, crop rotation, and tillage practice on runoff and soil loss on a Vertisol in central Queensland [J]. Australian Journal of Soil Research,35(4): 925-939.

Costanza R, D Arge R, Groot R., et al. 1997. The Value of the World's ecosystem services and natural capital [J]. Nature，387(15):253-260.

Daily G C，ed. 1997. Nature's services: Societal dependence on natural ecosystems [M]. Washington DC:Island Press.

Dan Wang, Bing Wang, Xiang Niu. 2013. Forest carbon sequestration in China and its development [J]. China E-Publishing, 4: 84-91.

Fang J Y，Chen A P，Peng C H，et al. 2001. Changes in forest biomass carbon storage in China between 1949 and 1998 [J]. Science，292：2320-2322.

Fang J Y，Wang G G，Liu G H，et al. 1998. Forest biomass of China：An estimate based on the biomassvolume relationship [J]. Ecological Applications，8(4):1084-1091.

Feng Ling，Cheng Shengkui，Su Hua，et al. 2008. A theoretical model for assessing the sustainability of ecosystem services [J]. Ecological Economy,4:258-265.

Gilley J E, Risse L M.2000. Runoff and soil loss as affected by the application of manure [J]. Transactions of the American Society of Agricultural Engineers, 43(6): 1583-1588.

Nishizono T. 2010.Effects of thinning level and site productivity on age-related changes in stand volume growth can be explained by a single rescaled growth curve [J]. Forest ecology and management,259(12): 2276-2291.

Song C, Woodcock C E. 2003. Monitoring forest succession with multitemporal Landsat images: Factors of uncertainty [J]. IEEE Transactions on Geoscience and Remote Sensing, 41(11): 2557-2567.

Tekiehaimanot Z.1991.Rainfall interception and boundary conductance in relation to trees pacing [J]. Jhydrol,123:261-278.

Wainwright J, Parsons A J, Abrahams A D. 2000.Plot-scale studies of vegetation, overland flow and erosion interactions：case studies from Arizona and New Mexico: Linking hydrology and ecology [J]. Hydrological processes.

Wang B, Ren X X, Hu W. 2011.Assessment of forest ecosystem services value in China [J]. Scientia SilvaeSinicae, 47(2): 145-153.

Wang B, Wang D, Niu X. 2013a. Past, present and future forest resources in China and the implications for carbon sequestration dynamics [J]. Journal of Food, Agriculture & Environment.11(1):801-806.

Wang B, Wei W J, Liu C J, et al. 2013b. Biomass and carbon stock in Moso Bambooforests in subtropical China: Characteristics and Implications [J]. Journal of Tropical Forest Science. 25(1): 137-148.

Wang B, Wei W J, Xing Z K, et al. 2012. Biomass carbon pools of cunninghamia lanceolata (Lamb.) Hook. Forests in Subtropical China:Characteristics and Potential [J]. Scandinavian Journal of Forest Research:1-16

Wang R, Sun Q, Wang Y, et al. 2017.Temperature sensitivity of soil respiration: Synthetic effects of nitrogen and phosphorus fertilization on Chinese Loess Plateau [J]. Science of The Total Environment, 574: 1665-1673.

Washington DC：Island Press. Murty D, McMurtrie R E.2000. The decline of forest productivity as stands age: a model-based method for analysing causes for the decline [J]. Ecological modelling,134(2): 185-205.

Wenzhong You, Wenjun Wei, Huidong Zhang. 2012. Temporal patterns of soil CO_2 efflux in a temperate Korean Larch(Larix olgensis Herry.) plantation, Northeast China [J]. Trees, 27: 1417-1428

Woodall C W, Morin R S, Steinman J R, et al. 2010. Comparing evaluations of forest health based on aerial surveys and field inventories: Oak forests in the Northern United States [J]. Ecological Indicators,10(3):713-718

Xue P P, Wang B, Niu X. 2013. A Simplified Method for Assessing Forest Health, with Application to Chinese Fir Plantations in Dagang Mountain, Jiangxi, China [J]. Journal of Food, Agriculture & Environment. 11(2):1232-1238.

Zhang W K, Wang B, Niu X. 2015.Study on the adsorption capacities for airborne particulates of landscape plants in different polluted regions in Beijing (China) [J]. International journal of environmental research and public health,12(8): 9623-9638.

附 件

中华人民共和国环境保护税法

(2016年12月25日第十二届全国人民代表大会常务委员会第二十五次会议通过)

目录

第一章　总则
第二章　计税依据和应纳税额
第三章　税收减免
第四章　征收管理
第五章　附则

第一章　总则

第一条　为了保护和改善环境，减少污染物排放，推进生态文明建设，制定本法。

第二条　在中华人民共和国领域和中华人民共和国管辖的其他海域，直接向环境排放应税污染物的企业事业单位和其他生产经营者为环境保护税的纳税人，应当依照本法规定缴纳环境保护税。

第三条　本法所称应税污染物，是指本法所附《环境保护税税目税额表》、《应税污染物和当量值表》规定的大气污染物、水污染物、固体废物和噪声。

第四条　有下列情形之一的，不属于直接向环境排放污染物，不缴纳相应污染物的环境保护税：

（一）企业事业单位和其他生产经营者向依法设立的污水集中处理、生活垃圾集中处理场所排放应税污染物的；

（二）企业事业单位和其他生产经营者在符合国家和地方环境保护标准的设施、场所贮存或者处置固体废物的。

第五条　依法设立的城乡污水集中处理、生活垃圾集中处理场所超过国家和地方规定的排放标准向环境排放应税污染物的，应当缴纳环境保护税。

企业事业单位和其他生产经营者贮存或者处置固体废物不符合国家和地方环境保护标准的，应当缴纳环境保护税。

第六条　环境保护税的税目、税额，依照本法所附《环境保护税税目税额表》执行。

应税大气污染物和水污染物的具体适用税额的确定和调整，由省、自治区、直辖市人民政府统筹考虑本地区环境承载能力、污染物排放现状和经济社会生态发展目标要求，在本法所附《环境保护税税目税额表》规定的税额幅度内提出，报同级人民代表大会常务委员会决定，并报全国人民代表大会常务委员会和国务院备案。

第二章 计税依据和应纳税额

第七条 应税污染物的计税依据，按照下列方法确定：

（一）应税大气污染物按照污染物排放量折合的污染当量数确定；

（二）应税水污染物按照污染物排放量折合的污染当量数确定；

（三）应税固体废物按照固体废物的排放量确定；

（四）应税噪声按照超过国家规定标准的分贝数确定。

第八条 应税大气污染物、水污染物的污染当量数，以该污染物的排放量除以该污染物的污染当量值计算。每种应税大气污染物、水污染物的具体污染当量值，依照本法所附《应税污染物和当量值表》执行。

第九条 每一排放口或者没有排放口的应税大气污染物，按照污染当量数从大到小排序，对前三项污染物征收环境保护税。

每一排放口的应税水污染物，按照本法所附《应税污染物和当量值表》，区分第一类水污染物和其他类水污染物，按照污染当量数从大到小排序，对第一类水污染物按照前五项征收环境保护税，对其他类水污染物按照前三项征收环境保护税。

省、自治区、直辖市人民政府根据本地区污染物减排的特殊需要，可以增加同一排放口征收环境保护税的应税污染物项目数，报同级人民代表大会常务委员会决定，并报全国人民代表大会常务委员会和国务院备案。

第十条 应税大气污染物、水污染物、固体废物的排放量和噪声的分贝数，按照下列方法和顺序计算：

（一）纳税人安装使用符合国家规定和监测规范的污染物自动监测设备的，按照污染物自动监测数据计算；

（二）纳税人未安装使用污染物自动监测设备的，按照监测机构出具的符合国家有关规定和监测规范的监测数据计算；

（三）因排放污染物种类多等原因不具备监测条件的，按照国务院环境保护主管部门规定的排污系数、物料衡算方法计算；

（四）不能按照本条第一项至第三项规定的方法计算的，按照省、自治区、直辖市人民政府环境保护主管部门规定的抽样测算的方法核定计算。

第十一条 环境保护税应纳税额按照下列方法计算：

（一）应税大气污染物的应纳税额为污染当量数乘以具体适用税额；
（二）应税水污染物的应纳税额为污染当量数乘以具体适用税额；
（三）应税固体废物的应纳税额为固体废物排放量乘以具体适用税额；
（四）应税噪声的应纳税额为超过国家规定标准的分贝数对应的具体适用税额。

第三章　税收减免

第十二条　下列情形，暂予免征环境保护税：
（一）农业生产（不包括规模化养殖）排放应税污染物的；
（二）机动车、铁路机车、非道路移动机械、船舶和航空器等流动污染源排放应税污染物的；
（三）依法设立的城乡污水集中处理、生活垃圾集中处理场所排放相应应税污染物，不超过国家和地方规定的排放标准的；
（四）纳税人综合利用的固体废物，符合国家和地方环境保护标准的；
（五）国务院批准免税的其他情形。
前款第五项免税规定，由国务院报全国人民代表大会常务委员会备案。

第十三条　纳税人排放应税大气污染物或者水污染物的浓度值低于国家和地方规定的污染物排放标准百分之三十的，减按百分之七十五征收环境保护税。纳税人排放应税大气污染物或者水污染物的浓度值低于国家和地方规定的污染物排放标准百分之五十的，减按百分之五十征收环境保护税。

第四章　征收管理

第十四条　环境保护税由税务机关依照《中华人民共和国税收征收管理法》和本法的有关规定征收管理。

环境保护主管部门依照本法和有关环境保护法律法规的规定负责对污染物的监测管理。

县级以上地方人民政府应当建立税务机关、环境保护主管部门和其他相关单位分工协作工作机制，加强环境保护税征收管理，保障税款及时足额入库。

第十五条　环境保护主管部门和税务机关应当建立涉税信息共享平台和工作配合机制。

环境保护主管部门应当将排污单位的排污许可、污染物排放数据、环境违法和受行政处罚情况等环境保护相关信息，定期交送税务机关。

税务机关应当将纳税人的纳税申报、税款入库、减免税额、欠缴税款以及风险疑点等环境保护税涉税信息，定期交送环境保护主管部门。

第十六条　纳税义务发生时间为纳税人排放应税污染物的当日。

第十七条　纳税人应当向应税污染物排放地的税务机关申报缴纳环境保护税。

第十八条 环境保护税按月计算,按季申报缴纳。不能按固定期限计算缴纳的,可以按次申报缴纳。

纳税人申报缴纳时,应当向税务机关报送所排放应税污染物的种类、数量,大气污染物、水污染物的浓度值,以及税务机关根据实际需要要求纳税人报送的其他纳税资料。

第十九条 纳税人按季申报缴纳的,应当自季度终了之日起十五日内,向税务机关办理纳税申报并缴纳税款。纳税人按次申报缴纳的,应当自纳税义务发生之日起十五日内,向税务机关办理纳税申报并缴纳税款。

纳税人应当依法如实办理纳税申报,对申报的真实性和完整性承担责任。

第二十条 税务机关应当将纳税人的纳税申报数据资料与环境保护主管部门交送的相关数据资料进行比对。

税务机关发现纳税人的纳税申报数据资料异常或者纳税人未按照规定期限办理纳税申报的,可以提请环境保护主管部门进行复核,环境保护主管部门应当自收到税务机关的数据资料之日起十五日内向税务机关出具复核意见。税务机关应当按照环境保护主管部门复核的数据资料调整纳税人的应纳税额。

第二十一条 依照本法第十条第四项的规定核定计算污染物排放量的,由税务机关会同环境保护主管部门核定污染物排放种类、数量和应纳税额。

第二十二条 纳税人从事海洋工程向中华人民共和国管辖海域排放应税大气污染物、水污染物或者固体废物,申报缴纳环境保护税的具体办法,由国务院税务主管部门会同国务院海洋主管部门规定。

第二十三条 纳税人和税务机关、环境保护主管部门及其工作人员违反本法规定的,依照《中华人民共和国税收征收管理法》、《中华人民共和国环境保护法》和有关法律法规的规定追究法律责任。

第二十四条 各级人民政府应当鼓励纳税人加大环境保护建设投入,对纳税人用于污染物自动监测设备的投资予以资金和政策支持。

第五章 附 则

第二十五条 本法下列用语的含义:

(一)污染当量,是指根据污染物或者污染排放活动对环境的有害程度以及处理的技术经济性,衡量不同污染物对环境污染的综合性指标或者计量单位。同一介质相同污染当量的不同污染物,其污染程度基本相当。

(二)排污系数,是指在正常技术经济和管理条件下,生产单位产品所应排放的污染物量的统计平均值。

(三)物料衡算,是指根据物质质量守恒原理对生产过程中使用的原料、生产的产品和产生的废物等进行测算的一种方法。

第二十六条 直接向环境排放应税污染物的企业事业单位和其他生产经营者，除依照本法规定缴纳环境保护税外，应当对所造成的损害依法承担责任。

第二十七条 自本法施行之日起，依照本法规定征收环境保护税，不再征收排污费。

第二十八条 本法自 2018 年 1 月 1 日起施行。

ICS 65.020
B 60

中华人民共和国国家标准

GB/T 38582—2020

森林生态系统服务功能评估规范

Specifications for assessment of forest ecosystem services

2020-03-06 发布　　　　　　　　　　　　2020-10-01 实施

国家市场监督管理总局
国家标准化管理委员会 发 布

中华人民共和国国家标准《森林生态系统服务功能评估规范》(GB/T 38582—2020)

附 表

表1 环境保护税税目税额

税目		计税单位	税额	备注
大气污染物		每污染当量	1.2~12元	
水污染物		每污染当量	1.4~14元	
固体废物	煤矸石	每吨	5元	
	尾矿	每吨	15元	
	危险废物	每吨	1000元	
	冶炼渣、粉煤灰、炉渣、其他固体废物（含半固态、液态废物）	每吨	25元	
噪声	工业噪声	超标1~3分贝	每月350元	1.一个单位边界上有多处噪声超标，根据最高一处超标声级计算应税额；当沿边界长度超过100米有两处以上噪声超标，按照两个单位计算应纳税额 2.一个单位有不同地点作业场所的，应当分别计算应纳税额，合并计征 3.昼、夜均超标的环境噪声，昼、夜分别计算应纳税额，累计计征 4.声源一个月内超标不足15天的，减半计算应纳税额 5.夜间频繁突发和夜间偶然突发厂界超标噪声，按等效声级和峰值噪声两种指标中超标分贝值高的一项计算应纳税额
		超标4~6分贝	每月700元	
		超标7~9分贝	每月1400元	
		超标10~12分贝	每月2800元	
		超标13~15分贝	每月5600元	
		超标16分贝以上	每月11200元	

表2 应税污染物和当量值

一、第一类水污染物污染当量值

污染物	污染当量值（千克）
1.总汞	0.0005
2.总镉	0.005
3.总铬	0.04
4.六价铬	0.02
5.总砷	0.02
6.总铅	0.025
7.总镍	0.025
8.苯并（α）芘	0.0000003
9.总铍	0.01
10.总银	0.02

二、第二类水污染物污染当量值

污染物	污染当量值（千克）	备注
11.悬浮物（SS）	4	
12.生化需氧量（BOD5）	0.5	同一排放口中的化学需氧量、生化需氧量和总有机碳，只征收一项
13.化学需氧量（CODcr）	1	
14.总有机碳（TOC）	0.49	
15.石油类	0.1	
16.动植物油	0.16	
17.挥发酚	0.08	
18.总氰化物	0.05	
19.硫化物	0.125	
20.氨氮	0.8	
21.氟化物	0.5	
22.甲醛	0.125	
23.苯胺类	0.2	
24.硝基苯类	0.2	
25.阴离子表面活性剂（LAS）	0.2	

(续)

污染物	污染当量值（千克）	备注
26.总铜	0.1	
27.总锌	0.2	
28.总锰	0.2	
29.彩色显影剂（CD-2）	0.2	
30.总磷	0.25	
31.单质磷（以P计）	0.05	
32.有机磷农药（以P计）	0.05	
33.乐果	0.05	
34.甲基对硫磷	0.05	
35.马拉硫磷	0.05	
36.对硫磷	0.05	
37.五氯酚及五酚钠（以五氯酚计）	0.25	
38.三氯甲烷	0.04	
39.可吸附有机卤化物（AOX）（以Cl计）	0.25	
40.四氯化碳	0.04	
41.三氯乙烯	0.04	
42.四氯乙烯	0.04	
43.苯	0.02	
44.甲苯	0.02	
45.乙苯	0.02	
46.邻-二甲苯	0.02	
47.对-二甲苯	0.02	
48.间-二甲苯	0.02	
49.氯苯	0.02	
50.邻二氯苯	0.02	
51.对二氯苯	0.02	
52.对硝基氯苯	0.02	
53.2,4-二硝基氯苯	0.02	
54.苯酚	0.02	
55.间-甲酚	0.02	
56.2,4-二氯酚	0.02	
57.2,4,6-三氯酚	0.02	
58.邻苯二甲酸二丁酯	0.02	
59.邻苯二甲酸二辛酯	0.02	
60.丙烯氰	0.125	
61.总硒	0.02	

三、pH 值、色度、大肠菌群数、余氯量水污染物污染当量值

污染物		污染当量值	备注
1.pH值	1.0~1，13~14 2.1~2，12~13 3.2~3，11~12 4.3~4，10~11 5.4~5，9~10 6.5~6	0.06吨污水 0.125吨污水 0.25吨污水 0.5吨污水 1吨污水 5吨污水	pH值5~6指大于等于5，小于6；pH值9~10指大于9，小于等于10，其余类推
2.色度		5吨水·倍	
3.大肠菌群数（超标）		3.3吨污水	大肠菌群数和余氯量只征收一项
4.余氯量（用氯消毒的医院废水）		3.3吨污水	

四、禽畜养殖业、小型企业和第三产业水污染物污染当量值

类型		污染当量值	备注
禽畜养殖场	1.牛	0.1头	仅对存栏规模大于50头牛、500头猪、5000羽鸡鸭等的禽畜养殖场征收
	2.猪	1头	
	3.鸡、鸭等家禽	30羽	
4.小型企业		1.8吨污水	
5.饮食娱乐服务业		0.5吨污水	
6.医院	消毒	0.14床 2.8吨污水	医院病床数大于20张的按照本表计算污染当里数
	不消毒	0.07床 1.4吨污水	

注：本表仅适用于计算无法进行实际监测或者物料衡算的禽畜养殖业、小型企业和第三产业等小型排污者的水污染物污染当量数。

五、大气污染物污染当量值

污染物	污染当量值（千克）
1. 二氧化硫	0.95
2. 氮氧化物	0.95
3. 一氧化碳	16.7
4. 氯气	0.34
5. 氯化氢	10.75
6. 氟化物	0.87
7. 氰化物	0.005
8. 硫酸雾	0.6

(续)

污染物	污染当量值（千克）
9. 铬酸雾	0.0007
10. 汞及其化合物	0.0001
11. 一般性粉尘	4
12. 石棉尘	0.53
13. 玻璃棉尘	2.13
14. 碳黑尘	0.59
15. 铅及其化合物	0.02
16. 镉及其化合物	0.03
17. 铍及其化合物	0.0004
18. 镍及其化合物	0.13
19. 锡及其化合物	0.17
20. 烟尘	2.18
21. 苯	0.05
22. 甲苯	0.18
23. 二甲苯	0.27
24. 苯并（α）芘	0.000002
25. 甲醛	0.09
26. 乙醛	0.45
27. 丙烯醛	0.06
28. 甲醇	0.67
29. 酚类	0.35
30. 沥青烟	0.19
31. 苯胺类	0.21
32. 氯苯类	0.72
33. 硝基苯	0.17
34. 丙烯腈	0.22
35. 氯乙烯	0.55
36. 光气	0.04
37. 硫化氢	0.29
38. 氨	9.09
39. 三甲胺	0.32
40. 甲硫醇	0.04
41. 甲硫醚	0.28
42. 二甲二硫	0.28
43. 苯乙烯	25
44. 二硫化碳	20

(续)

表3 IPCC 推荐使用的生物量转换因子（BEF）

编号	a	b	森林类型	R^2	备注
1	0.46	47.50	冷杉、云杉	0.98	针叶树种
2	1.07	10.24	桦木	0.70	阔叶树种
3	0.74	3.24	木麻黄	0.95	阔叶树种
4	0.40	22.54	杉木	0.95	针叶树种
5	0.61	46.15	柏木	0.96	针叶树种
6	1.15	8.55	栎类	0.98	阔叶树种
7	0.89	4.55	桉树	0.80	阔叶树种
8	0.61	33.81	落叶松	0.82	针叶树种
9	1.04	8.06	樟木、楠木、槠、青冈	0.89	阔叶树种
10	0.81	18.47	针阔混交林	0.99	混交树种
11	0.63	91.00	檫树落叶阔叶混交林	0.86	混交树种
12	0.76	8.31	杂木	0.98	阔叶树种
13	0.59	18.74	华山松	0.91	针叶树种
14	0.52	18.22	红松	0.90	针叶树种
15	0.51	1.05	马尾松、云南松	0.92	针叶树种
16	1.09	2.00	樟子松	0.98	针叶树种
17	0.76	5.09	油松	0.96	针叶树种
18	0.52	33.24	其他松林	0.94	针叶树种
19	0.48	30.60	杨树	0.87	阔叶树种
20	0.42	41.33	铁杉、柳杉、油杉	0.89	针叶树种
21	0.80	0.42	热带雨林	0.87	阔叶树种

注：资料引自（Fang 等，2001）；生物量转换因子计算公式为：$B=aV+b$，其中 B 为单位面积生物量，V 为单位面积蓄积量，a、b 为常数；表中 R^2 为相关系数。

表4　不同树种组单木生物量模型及参数

序号	公式	树种组	建模样本数	模型参数 a	模型参数 b
1	$B/V=a(D^2H)^b$	杉木类	50	0.788432	−0.069959
2	$B/V=a(D^2H)^b$	硬阔叶类	51	0.834279	−0.017832
3	$B/V=a(D^2H)^b$	软阔叶类	29	0.471235	0.018332
4	$B/V=a(D^2H)^b$	红松	23	0.390374	0.017299
5	$B/V=a(D^2H)^b$	云冷杉	51	0.844234	−0.060296
6	$B/V=a(D^2H)^b$	落叶松	99	1.121615	−0.087122
7	$B/V=a(D^2H)^b$	胡桃楸、黄波罗	42	0.920996	−0.064294
8	$B/V=a(D^2H)^b$	硬阔叶类	51	0.834279	−0.017832
9	$B/V=a(D^2H)^b$	软阔叶类	29	0.471235	0.018332

注：资料引自（李海奎和雷渊才，2010）。

表5　原山林场森林生态系统服务评估社会公共数据

编号	名称	单位	出处值	2014价格	来源及依据
1	水库建设单位库容投资	元/吨	6.32	6.59	中华人民共和国审计署，2013年第23号公告：长江三峡工程竣工财务决算草案审计结果，三峡工程动态总投资合计2485.37亿元；水库正常蓄水位高程175米，总库容393亿立方米。贴现至2014年
2	水的净化费用	元/吨	3.60	3.60	根据大气降水中主要污染物浓度经过森林生态系统净化的浓度，结合水污染物当量值和应税水污染物税额计算得出
3	挖取单位面积土方费用	元/立方米	46.20	46.20	根据2002年黄河水利出版社出版《中华人民共和国水利部水利建筑工程预算定额》（上册）中人工挖土方Ⅰ和Ⅱ类土每100立方米需42工时，人工费依据《淄博市住房和城乡建设局关于转发<山东省住房和城乡建设厅关于调整建设工程定额人工单价及各专业定额价目表的通知>的通知》（淄建发[2018]216号）取110元/工日

编号	名称	单位	出处值	2014价格	来源及依据
4	磷酸二铵含氮量	%	14.00	14.00	化肥产品说明
5	磷酸二铵含磷量	%	15.01	15.01	
6	氯化钾含钾量	%	50.00	50.00	
7	磷酸二铵化肥价格	元/吨	3000.00	3000.00	来源于山东省物价局和淄博市物价局官方网站2014年磷酸二铵、氯化钾化肥年均零售价格
8	氯化钾化肥价格	元/吨	24050.00	2400.00	
9	有机质价格	元/吨	800.00	800.00	有机质价格根据中国供应商网（http://cn.china.cn/）2014年鸡粪有机肥平均价格
10	固碳价格	元/吨	61.07	61.07	采用中国碳排放交易网（www.tanpaifang.com）中8个交易市场的2014年平均交易价格
11	制造氧气价格	元/吨	4826.67	4826.67	根据中国供应网（cn.china.cn）2015年山东省医用氧气市场价格，40升规格储气量为5800升，氧气密度为1.429克/升，零售价格为40元
12	负离子生产费用	元/10^{18}个	7.84	7.84	根据企业生产的适用范围30平方米（房间高3米）、功率为6瓦、负离子浓度1000000个/立方米、使用寿命为10年、价格每个65元的KLD-2000型负离子发生器而推断获得，其中负离子寿命为10分钟；根据淄博市物价局官方网站淄博市电网销售电价，居民生活用电现行价格为0.50元/千瓦时
13	二氧化硫治理费用	元/千克	6.32	6.32	结合大气污染物污染当量值和山东省应税污染物应税额度计算得到
14	氟化物治理费用	元/千克	6.90	6.90	
15	氮氧化物治理费用	元/千克	6.32	6.32	
16	降尘清理费用	元/千克	0.30	0.30	结合大气污染物污染当量值中一般性粉尘污染当量值和山东省应税污染物应税额度计算得到

(续)

编号	名称	单位	出处值	2014价格	来源及依据
17	PM_{10}清理费用	元/千克	10.17	10.17	结合大气污染物污染当量值中炭黑尘污染当量值和山东省应税污染物应税额度计算得到
18	$PM_{2.5}$清理费用	元/千克	10.17	10.17	
19	生物多样性保护价值	元/(公顷·年)	—		根据Shannon-Wiener指数计算生物多样性保护价值，选取2008年价格，即： Shannon-Wiener指数<1时，$S_{生}$为3000元/（公顷·年）； 1≤Shannon-Wiener指数<2，$S_{生}$为5000元/（公顷·年）； 2≤Shannon-Wiener指数<3，$S_{生}$为10000元/（公顷·年）； 3≤Shannon-Wiener指数<4，$S_{生}$为20000元/（公顷·年）； 4≤Shannon-Wiener指数<5，$S_{生}$为30000元/（公顷·年）； 5≤Shannon-Wiener指数<6，$S_{生}$为40000元/（公顷·年）； Shannon-Wiener指数≥6时，$S_{生}$为50000元/（公顷·年）。 其他年份价格通过贴现率贴获得

"中国森林生态系统连续观测与清查及绿色核算"系列丛书目录

1. 安徽省森林生态连清与生态系统服务研究,出版时间:2016年3月
2. 吉林省森林生态连清与生态系统服务研究,出版时间:2016年7月
3. 黑龙江省森林生态连清与生态系统服务研究,出版时间:2016年12月
4. 上海市森林生态连清体系监测布局与网络建设研究,出版时间:2016年12月
5. 山东省济南市森林与湿地生态系统服务功能研究,出版时间:2017年3月
6. 吉林省白石山林业局森林生态系统服务功能研究,出版时间:2017年6月
7. 宁夏贺兰山国家级自然保护区森林生态系统服务功能评估,出版时间:2017年7月
8. 陕西省森林与湿地生态系统治污减霾功能研究,出版时间:2018年1月
9. 上海市森林生态连清与生态系统服务研究,出版时间:2018年3月
10. 辽宁省生态公益林资源现状及生态系统服务功能研究,出版时间:2018年10月
11. 森林生态学方法论,出版时间:2018年12月
12. 内蒙古呼伦贝尔市森林生态系统服务功能及价值研究,出版时间:2019年7月
13. 山西省森林生态连清与生态系统服务功能研究,出版时间:2019年7月
14. 山西省直国有林森林生态系统服务功能研究,出版时间:2019年7月
15. 内蒙古大兴安岭重点国有林管理局森林与湿地生态系统服务功能研究与价值评估,出版时间:2020年4月
16. 山东省淄博市原山林场森林生态系统服务功能及价值研究,出版时间:2020年4月